海洋盐卤地质学

李乃胜　徐兴永　杨树仁　等著

海洋出版社

2021 年·北京

图书在版编目（CIP）数据

海洋盐卤地质学/李乃胜等著. —北京：海洋出版社，2021.6
ISBN 978-7-5210-0760-2

Ⅰ.①海…　Ⅱ.①李…　Ⅲ.①海洋地质-盐类矿床-研究　Ⅳ.①P736

中国版本图书馆 CIP 数据核字（2021）第 080214 号

策划编辑：方　菁
责任编辑：鹿　源
责任印制：安　森

海洋出版社　出版发行

http://www.oceanpress.com.cn

北京市海淀区大慧寺路 8 号　邮编：100081
廊坊一二〇六印刷厂印刷　新华书店北京发行所经销
2021 年 6 月第 1 版　2021 年 6 月第 1 次印刷
开本：787mm×1092mm　1/16　印张：11.25
字数：180 千字　定价：128.00 元
发行部：62100090　邮购部：62100072　总编室：62100034

海洋版图书印、装错误可随时退换

前　言

我们赖以生存的地球是一个蓝色的"水球"。海水覆盖地球表面积的70.8%。就大自然来说，海洋是生命的摇篮；风雨的温床；大气的襁褓；矿产的源泉。就人类社会来说，海洋是航运的通道；商贸的窗口；环境的净土；资源的宝库。因此，中国作为雄踞太平洋西岸的泱泱海洋大国，理应大踏步进军海洋。

以习近平同志为核心的党中央，在实现中华民族伟大复兴的关键时期，高屋建瓴地倡导谋海济国、经略海洋，明确提出实施"海洋强国"战略、推进"21世纪海上丝绸之路"建设、打造"人类命运共同体"。在全世界共有一片海洋的基础上，呼吁全人类拥抱海洋世纪，共筑蓝色辉煌。

当前，世界范围内海洋竞争愈演愈烈，突出表现为：新一轮蓝色圈地、新一轮资源竞争、新一轮科技较量。特别是争相控制国际公共海域，抢占人类未来的战略性资源，其竞争之激烈已达到"白热化"程度。这一切都说明，海洋在世界格局中的地位更加突出，500年以来的海洋"商业文明"即将在新世纪转化为海洋"工业文明"。

海洋是地球的命脉，海洋在全球范围内调控生态、滋养生命、影响经济、孕育文明。海洋的本质是海水，而海水的特色是盐分。盐是百味之祖、化工之母、生命之源。标准海水具有35的恒定盐度值，而海洋的平均深度接近4 000米，可以想象，如果把海洋中的盐分都提取出来堆放到陆地上的话，平均厚度将超过200米，可见其资源量何等巨大！

我国海盐产业历史悠久、规模庞大，一直领航全世界。从5 000年前"夙沙氏"在莱州湾畔煮海为盐，到商周时代大量盐场遗址的考古发现，再延伸到古齐国依靠"私盐官营"而成为五霸之首、七雄之冠。

无可辩驳的历史事实证明，古代的中国在全球海盐领域独领风骚。从秦汉至明清王朝，海盐一直是我国经济的命脉，盐道、盐关、盐运、盐商、盐帮等围绕海盐的机构，在历朝历代都家喻户晓、耳熟能详。

渤海沿岸是我国著名的盐卤产业密集区，莱州湾畔尤为突出。黄海之滨，特别是苏北沿海，具有广袤的地下卤水资源，自古也以盛产"原盐"驰名中外。但迄今为止，我国的海盐产品主体上仍然是以资源型、原料型的"盐、碱、溴"出口上市，今天亟须以自主创新为支撑的"颠覆性"转型升级。以卤水资源高效利用为目标，打造新型的健康产业、新型环境产业、新型高纯金属产业，实现真正意义上的"绿色盐业""白地绿化""核电上山"和"水盐联产"。

海盐产业的基础是卤水资源。在沧桑演变的地质过程中，古老的海水经过复杂的地下物理化学过程变成了"盐卤"，而盐卤就是大自然赐予当今人类的特殊礼品——可再生的地下液体金属矿山。

遗憾的是几千年来人类只知道"鱼盐之利"的廉价索取，甚至是掠夺性、破坏性的开采，一直缺乏系统的调查研究，不关注盐卤资源的高效利用和有序持续开采，更不考虑资源修复！迄今为止，包括我国在内，对海洋盐卤的研究相当欠缺，甚至没有像样的专业科研团队，没有成套的调查研究装备，没有系统的研究论文发表，更没有像样的研究专著。因此，这就是撰写本书的意义所在！它的付梓出版，本身就充满了创新性和挑战性。

海洋盐卤地质学创造了一个应用海洋地质学的新分支，旨在研究盐卤的元素来源、探讨盐卤矿藏的形成机制和成矿理论，探索盐卤矿藏的调查勘探技术、评价盐卤矿藏的开采价值、规划盐卤矿藏的远景矿区，探明地下盐卤的远景储量，推动盐卤资源的有序开发，支撑盐卤产业的转型升级。同时，借助学科融合与技术集成，本书试图回答海洋科技如何服务人民生命健康？海洋盐卤如何支撑新型健康产业发展？通过脱盐与聚盐的技术创新如何打造新型环境产业？进而延伸到"绿色盐业""白地绿化""海水农业""核电上山""蓝色粮仓"等一系列新概念。这些内容就足以构成本书的结构框架，也是本书的特色之笔。

　　既然是创新，就没有现成的模式可循，就没有熟悉的路可走，就需要探索，就难免差错百出。在此，恳请业内同道和有识之士批评赐教。

　　本书第 1 章由李乃胜撰写；第 2 章由苏乔和徐兴永撰写；第 3 章由付腾飞和徐兴永撰写；第 4 章由刘文全和徐兴永撰写；第 5 章由李乃胜撰写；第 6 章由陈广泉和徐兴永撰写；第 7 章由杨树仁、郝建港、张允生、王彦玲和王慧撰写。

　　在本书的策划、调研和编写过程中，得到中国科学院海洋研究所和自然资源部第一海洋研究所的大力支持；得到沿海地区领导和涉海企业的鼎力相助；得到海洋地质界学人士和盐卤化工界专家的慷慨赐教；得到了海洋出版社的悉心指导。在此深致谢忱！

　　本书是长年致力于海洋盐卤地质调查研究的科研团队集体智慧的结晶，属于中国科学院战略性先导科技专项"美丽中国生态文明工程（XDA23050503）"的调查研究成果，也是夙沙生态院士工作站科研团队呕心沥血、致力于"绿色盐业"的创新性体现！

李乃胜

2020 年仲秋于青岛

目　次

第1章 概 论

我们赖以生存的地球是一个蓝色的"水球",是在太阳系范围内唯一能适合大型动植物生存的星球,也是迄今在人类太空探测的视野范围内唯一有生命活动的星球。这一切皆因为地球表面大部分被海水所覆盖(图1.1)。而海水与淡水的根本区别是"盐分",将海水浓缩到一定程度就变成了"盐卤"。盐卤是一种液体矿藏,再进一步浓缩固化就变成了"盐矿",而找矿恰恰是地质学的重要内容。因此,本书的研究内容属于应用海洋地质学的一个新的学科分支——海洋盐卤地质学。

图1.1 海洋分布示意图

资料来源:百度网,2019

谈到矿藏,笼统地说,一般分为金属矿藏和非金属矿藏,如铁矿和金矿等属于金属矿藏,而煤炭和琥珀等属于非金属矿藏;固体矿藏和液体矿藏,如盐矿和钨矿等属于固体矿藏,而石油和盐卤等属于液体矿藏;一次性矿藏和可再生矿藏，自然界的矿藏绝大部分是一次性的，矿藏资源开发之后短期内难以再生，而盐卤属于大自然赐予的特殊的可再生矿藏（李乃胜和徐永兴，2020）。

本章主要涉及研究盐卤的元素来源、探讨成卤机制和成矿理论，盐卤矿藏的调查勘探技术、评价盐卤矿藏的开采价值、规划盐卤矿藏的远景矿区，探明地下盐卤的远景储量等。

1.1 海水的起源

我们赖以生存的地球，在太阳系范围内，甚至在迄今人们能达到的太空视野内，是唯一存在大型生命的星球。最根本的原因是：地球是一个蓝色的水球（图1.1），就是地球表面发育了广袤的海洋。海洋的基础是海水，海水覆盖的盆地就是海洋。地球是一个椭球体，如果按大地水准面推算，地球的表面积为5.1亿 km²，而海洋覆盖了地球表面的70.8%，海洋的总面积约为3.6亿 km²，而在这么大的面积上，关于海水的深度分布与地球岩石圈的板块活动密切相关，深度大于6 000 m的狭长谷底称为海沟；深度约为4 000 m的深海平原一般称为洋盆；而自领海基线外延约200 n mile，水深到达大致200 m左右，一般称为陆架浅海。不同的学科、不同的行业、不同的国家对"深海"的说法完全不一致。但海水的平均深度约为3 780 m。由此估算，海水的总容积约为13亿 km³。

这么多海水是从哪里来的？或者说是怎么形成的？上千年来，无数科学先驱、神学巫师、学界志士以及海洋科技工作者都试图回答这一基本问题，也提出了各种假说。但归根结底，回归于地球的本源问题。再现了一个自然科学脱胎于哲学，最后又回归于哲学的伦理过程。海水的来源与形成的自然科学问题最终归结于哲学问题，与地球的起源密不可分。

根据迄今为止的各种成因假说，概括地说，海水相对于地球来说，是与生俱来的。伴随着地球的形成，就原始性的凝结了这么多海水，使之成为茫茫宇宙中可能是唯一最适合生命存在的蓝色星球。迄今为止的海水同位素测年方面的研究，也证明海水非常古老，甚至可能比地球本身还古老，那只能是"天外来客"。指彗星撞击地球带来大量的含盐冰屑，凝结汇聚在地球表面，形成了广袤的海水覆盖在地球表面。那彗星上的含盐冰屑是怎么形成的？这就带来了更加复杂的科学问题，海水和地球的形成孰先孰后，谁的年龄更古老？就更难说清楚了。甚至会演化成既无法证实，也无法证伪的哲学问题。因此，根据目前的科学认知程度和哲学观点，认为海水对地球来说与生俱来，是比较合理的。关于地球的形成，不管是"火成论"还是"水成论"，最终都可解释与生俱来的海水。这就是"本源"！就是地球上日后发生的万事万物、芸芸众生的"本源"（图 1.2）。

图 1.2　美丽的海洋

(李乃胜，2019 摄于北冰洋)

我国濒临的渤海、黄海、东海和南海，按自然疆界划分，面积约 473 万 km^2。根据《联合国海洋法公约》，我国主张 300 万 km^2 的海洋国土，折合土地面积为 45 亿亩①。根据现有的科学认识水平估测，就有机碳产量来说，我国的 45 亿亩海域、18 亿亩耕地、60 亿亩的山林草原，大概各占 1/3。也就是说，单从有机碳的贡献这一个侧面来看，300 万 km^2 的海洋相当于全中国的耕地。而且，全世界海洋面积的 70% 以上是国际公共海域，若按全世界人口均分，中国起码应该分得 5 000 万 km^2 余。若再折合为有机碳，将是一个天文数字！不难想象，对中国人的食品安全和战略性资源储备会发挥多么大的作用！

---

① 亩为非法定计量单位，1 亩 = 1/15 hm^2。

1.2　海盐的起源

海洋的基础是"海水"，海水的特色是"盐分"。一提到海洋，人们自然会想到两个问题：①我们居住的地球是个蓝色的水球；②海水是咸的。标准海水的盐度为 35。按照海水的平均深度和容量估算，如果把海水里的盐全部提取出来堆放在陆地上的话，全球陆地表面会堆放超过 200 m 厚的盐（李乃胜等，2020），几乎全世界所有的城市都会被埋在白色的"原盐"中。如此多的盐几乎不能用"吨"来描述（图 1.3）。

图 1.3　海洋原盐大丰收

资料来源：2020 年 10 月 8 日人民日报

这么多的盐是哪里来的？而且几乎没有任何假说认为海水原来是"淡水"，后来随着盐分的逐渐介入而逐渐变成"咸"的。试想这么多盐不可能是地下某个岩层的渗滤形成的，也不可能是地球大气层范围内的蒸发或降雨产生的，因为对地球来说，大气层内是一个封闭的循环系统。因此，海水是由水和盐分自然组合、同步出现在地球上。也就是无机盐和水构成了原始的"海水"，原始海水中没有任何有机物。因此对地球来说，海水中的盐分也是与生俱来的。

当然作为早于地球形成的"天外来客"是可能的。这就是彗星撞击地球带来大量的含盐冰屑，凝结汇聚在地球表面，那彗星上的含盐冰屑是怎么形成的？这就带来了更加复杂的科学问题，海水和地球的形成孰先孰后，谁的年龄更古老？就更难说清楚了。甚至会演化成既无法证实，也无法证伪的哲学问题。因此，根据目前的科学认知程度和哲学观点，认为海水对地球来说与生俱来，盐分对海水来说与生俱来，是可信的。也就是说，地球形成之初，不管是"火成论"还是"水成论"，只有三类基本物质，就是岩土、水和盐。这就是"本源"！就是地球上日后发生的万事万物、芸芸众生的"本源"。所以从这三类基本物质入手，就容易从"本源"上理解感悟健康。

1.3 生命起源于海洋

生命起源于海洋，而不是起源于湖泊河流，因为淡水湖泊河流没有"盐"。所以归根结底，"盐"是生命之源。生命作为一个有机质大分子的聚合体，如何与无机物的小分子"盐"发生起源层面的关系，既是生命溯源研究的重大科学问题，也是哲学"本源"研究的基本问题。但盐相对于地球与生俱来的前提，就为生命起源的研究奠定了基础。

首先看最低等、最古老的原始生命。根据现在人们的认知程度，应该说起源于原始的海洋中，比如说盐藻和病毒。据研究，盐藻作为地球上最古老的生命之一，其细胞核发育并不完整，属于原始的原核单细胞，现已查明其出现起码超过 30 亿年的历史，比地球的年龄小不了多少。病毒更特殊，是否有细胞核还是个问题，甚至算不算"生命"都有不同的认识，因为离开宿主，就没有生命特征，起码是无限期的"休眠"状态。可一旦碰到合适的宿主就马上激活，而且能迅速变异繁衍。迄今为止已有超过 20 万种海洋病毒被科学家发现，而且北冰洋被称为地球上最大的"病毒之家"。这充分说明，这些原始的生命起源于海洋。

再看近年来越来越"热"的海底热液生物群落研究（图 1.4），更为生命起源于海洋提供了难以否定的证据。尽管当前关于热液生物群的生态学研究还刚刚起步，对它们从哪里来，又到哪里去，还局限在哲学讨论的层面上，但有一条可以肯定，不会来源于陆地生物。这些热液生物群落长年处于常见生物难以生存的"高压、高黑、高温、高毒"环境，它们的大规模被发现（图 1.5），既挑战了"万物生长靠太阳"的普适规律，也有悖于营养学和生态学的基本理论，更谈不上"食物链""生态链"等直接实用而且可定量的概念！它们活着可能只需要"热"和"硫"。它们的存在就是合理的，就需要解释它们的生态特征与繁衍规律。这必将大大冲击几千年来日积月累形成的生物学理论，甚至对生命的起源会产生"颠覆性"的认识。除此之外，海洋中大量极端环境的特定生态体系，如嗜热古菌、嗜盐微生物和极地细菌等，这些陆地上难以想象的微生物群落的大量出现，也从另一个侧面说明，生命的确来自海洋。

图 1.4　海底热液喷口及热液生物

资料来源："科学"号船，2018

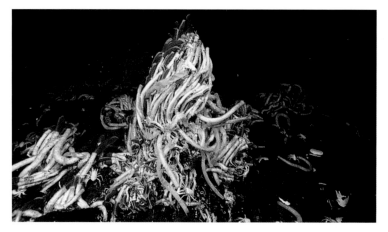

图 1.5　海底热液喷口周围管状蠕虫

资料来源：百度网，2019

1.4 盐卤与地质

盐卤作为大自然赐予当今人类的特殊资源,既滋养了大自然的芸芸众生,又哺育了林林总总的工业门类,但迄今为止,总体上来说,盐卤还应该属于海洋地质学范畴。因为盐卤是埋藏于地下的特殊液体矿藏,这就决定了其地质属性。

(1)既然盐卤主要成分是"盐",而盐分来自海洋,就必然与海洋存在联系。不管是现代滨海盐卤资源,还是古海洋环境遗留的古岩盐、古井盐、古盐湖矿藏,从起源上研究,都追根于海水的"盐分",因此毫无疑问属于海洋研究领域。

(2)既然盐卤埋藏于地下,必然与地质条件密不可分,就必然涉及以古地层、古海洋、古环境为主题的沧桑演变规律;就必然需要古地层学、古海洋学、古环境科学的理论支撑,否则就是无源之水、无本之木。

(3)既然盐卤主体上是金属矿藏,就必然有其独特的成矿机制,就必然与找矿探矿发生联系;就必然涉及地质调查、地球物理探查、地球化学找矿。盐卤资源储量的发现与评估,就必然要应用若干地质调查、物探和化探的技术方法。

(4)既然盐卤是液体矿藏,就必然与水文地质学、水文测井密切相关。而且与地下石油资源一样,必然会有"生、储、盖"的规律可循。而生卤的地层又与古环境密切相关,反映了生卤条件和成卤机制;储卤层反映了地下卤水循环机制和地下卤水储集条件;盖卤层反映了地层的黏滞性和致密性以及对地下卤水的封闭条件。中国沿海地下卤水的"生、储、盖"层一般都是新生代地层。

(5)既然盐卤是可再生资源,就必然存在地下液体循环系统,就必然有特定的盐卤运移和富集规律;就必然与地下温度、压力等地质条件有关,就需要依据环境地质学的理论探讨地下卤水的可再生条件与成矿规律。

综上所述,可以看出,盐卤与地质密不可分,探讨、研究、开发地下盐卤矿藏需要地质学各分支学科的交叉集成,需要各种地质地球物理勘探手段。归纳起来,可以说,海洋盐卤地质学属于应用海洋地质学,是一个新的以海洋地质、地球物理学交叉融合的新学科。

1.5　盐卤与化工

所谓"化工"就是通过化学方法实现元素"转化"的工艺和流程，就是通过元素的组合或分解产生新用途的产品，化工本身并不能创造新的元素。自然界的元素是化工的基础，而如前所述，盐和水相对于地球来说是与生俱来的，自然"盐"就成了化工之母。连地球上的岩石泥土实质上主体仍然是固体盐类，其中主要是硅酸盐和碳酸盐。

当今社会，人类生活无时无处不在使用化工产品，整个化工产业可能是产品门类最多的行业，因为地球上的物质分为无机物和有机物，相应的就产生了无机化工和有机化工。所谓"机"实际上是指生物肉体组织，有机化工就是与生命体有关的化工。可简单地称为"碳源化工"。无机化工就是以大自然的非生命体为原料的化工，可简单称为"矿源化工"。

所谓碳源化工，主要是指石油化工。说到底是自然界的生命体在太阳的帮助下，把"无机碳"变成了"有机碳"，而石油化工的任务就是一个"逆过程"，逐渐把"有机碳"还原为"无机碳"。

所谓矿源化工，除少数氧化物、硫化物、氟化物等矿藏和少量单质元素矿藏外，绝大多数是以固体"盐"的形式产出，多数是卤素盐类、碳酸盐、硅酸盐和硫酸盐等。

由此可见，碳源化工的基础是"生命体"，而生命来自海洋，盐是生命之本。所以，碳源化工的根本是"海盐"。而矿源化工的主体是自然界的"盐类"，而盐类必然与原始的海洋发生千丝万缕的联系。因此，归根结底，碳源、矿源其根本来源于"卤源"！化工行业成千上万的不同产品和产业集群，归结为一句话，盐卤是化工之母。

1.6　盐卤与健康

所谓生命的起源首先是要具有构成生命所必需的物质基础；其次是具备适合生命存在的自然环境。海洋恰恰满足这两个基本条件。因为海洋中拥有通常所说的生命元素。譬如：氧、氢、碳、氮、磷、硫，恰恰这些元素是海洋中的常量元素，而且海水与人体的常量元素配比基本一致！海水中蕴藏了80多种元素，包括人体中的金属元素和其他微量元素在内，在海水中都能找到对应的含量。这就有力地说明了生命起源于海洋的物质基础，而陆地上的江河湖泊不具备这样的基本条件。这一切关键是"盐"，是这些生命元素！而淡水中没有这些元素。因此与其说生命源于水，倒不如说生命源于"盐"。由此可见，水和盐是生态环境的第一需要。

适合生命存在发育的自然条件，就是有机氧和有机碳。水是氢氧化合物，海水中存在大量的"氧"离子，但不能满足用肺呼吸的动物需要。岩石泥土中含有大量的"碳"，但属无机碳，不能直接构成生命的有机碳链大分子。这其中的转化就依赖海洋中原始的低等生命，包括病毒、细菌、微型藻类的共同作用。譬如，海洋聚球藻是海洋中面大量广的原始微型藻类，几乎包揽了全球约 1/4 的光合作用。但对海洋聚球藻的 DNA 分析表明，其捕捉光子的蛋白编码基因源于病毒（刘旸，2019）。同时科学家也在海洋中发现了携带光合作用基因的自由漂浮病毒。由此可推测，病毒可能创造了光合作用，缔造了原始的生态环境。

海洋是生命的发源地，也是生物多样性的聚宝盆。海洋中起码聚集了地球上 80% 以上的生物种属（图 1.6），地球上形体最大的动物在海洋中；最高大的植物在海洋中；寿命最长的生物在海洋中；最极端、最密集、最微小的古菌群落也在海洋中。靠太阳生长的生物生活在浅海表层；不靠太阳生存的"热液生物"生活在深海底部。只可惜迄今人们对海洋生物的调查认知还非常肤浅，大多数海洋生物对人类来说还处于未知的"神秘世界"。

海洋被科学家称之为人类环境的最后一块"净土"；广袤的海洋能为人类提供大量的优质蛋白；海洋药物是未来人类最重要的"蓝色药库"。因此，依靠海洋来保障人类健康是未来的必然选择。

生命起源于海洋，而不是起源于淡水，由此推论，真正的生命之源是"盐"。生命作为一个有机质大分子的聚合体，如何与无机物的小分子"盐"相互作用，可能是生命溯源研究的重大科学问题。

随着地下深处和深海极端环境中"耐盐"和"耐热"细菌群落的大量发现，以及对苦卤生物和深海热液生物的生态学研究，越来越揭示出细菌与"盐"的关系非常密切（李乃胜，2019）。海洋中的盐，或许就是造就原始地球上"生命胚胎"的重要载体。因此，探寻盐卤与生命起源的关系，

图 1.6　海洋生态系统

资料来源：百度网，2018

对于揭开生命奥秘具有重要的科学意义。

标准海水有一个恒定的盐度值。作为人体，有机质的肉体重量可大可小，但 11 的盐度基本恒定不变，这就是生理盐水的标准。如果高于或低于这一标准，人体的各个器官就难以正常运转，体内的各种生物膜就难以承受。

盐在人体中到底起什么作用？作为无机物的小分子与人体有机质大分子的相互作用机理是什么？应该说人们的认知程度还非常低。量子纠缠的信号传递中"盐"发挥了什么作用？人的意念与盐有什么关系？甚至盐与大脑的发育、肌肉的兴奋是什么关系？基本上还是未知数。但目前的科学研究揭示，人体免疫系统与盐的关系十分密切，只有免疫系统健康才能有效地保障人体健康。

参考文献

李乃胜,徐兴永.2020.做强海洋盐卤业,助力打造"健康中国".自然资源报.

李乃胜.2019. 浅谈海洋盐卤与人类健康//李乃胜.经略海洋.北京:海洋出版社.

刘旸.2019. 病毒星球. 南宁: 广西师范大学出版社.

第 2 章 海洋盐卤矿藏的形成与演化

广袤的海洋覆盖地球表面积的 70.8%，海水盐度为 35，构成了地球上盐卤矿藏的来源基础。所谓"盐卤矿藏"一般指所含盐类组分达到工业开采价值的水体，习惯上也称为卤水矿床。

发育在陆地盆地中的盐卤矿藏一般与地质历史上的古海洋环境密切相关。随着海陆变迁的自然过程，大都经历了原始的滨海潟湖、陆地盐湖、地下卤水甚至固体盐矿的过程。我国地下卤水矿床广泛分布于川、滇、藏、青、新、鄂、赣、鲁等省和自治区。我国大约 15 亿亩的盐碱地，大多具有规模不等的地下盐卤矿藏。

发育在沿海第四纪沉积地层中，甚至潮滩、潮坪沉积物中的地下卤水大多与近代海洋环境密切相关。第四纪滨海相地下盐卤矿藏是近几十年来被认识的一种新类型盐卤矿藏，在我国主要分布在渤海沿岸及部分黄海岸段，其中以山东莱州湾沿岸分布最广，浓度最高，储量最大。卤水的储量、储层结构及水化学特征随着各海岸区岸段的不同存在着一定的差异。这与卤水赋存区所经历的第四纪古海洋环境、古气候环境、地貌及构造活动的演化历史密切相关，并受地下和地表水体混合作用的影响。

从 20 世纪 80 年代初期开始，一些学者对莱州湾地区地下卤水成因进行了探讨，如韩有松等（1996）最先从卤水的化学成分分析认为其来源于海水，并从地质角度分析得出可能来源于蒸发成卤的结论，但也不排除冰冻生卤的可能。孟广兰等（1999）提出可以用卤水中 δD 值相对于海水 δD 值的变化趋势来判断卤水的成因。王珍岩等（2003）利用地球化学模拟的方法，认为该地区的浅层地下卤水主要来源于古海水的蒸发浓缩。近年来关于莱州湾地下卤水的成因也多指向蒸发途径。随着我国经济的高速发展，国家对盐卤化工产品的需求越来越大，而固体盐矿资源日益减少，开发成本越来越高，液体矿产资源的有效开发利用必将成为我国经济增长的新动力。因此探讨地下卤水的成因，对于寻找新的盐卤矿藏勘探"靶区"，对于发现和圈定新的海洋盐卤资源远景具有重要的意义。

2.1 盐卤矿藏的成因理论

盐类矿物是指在地质作用过程中，在适宜的地质构造条件和干旱的气候条件下，水盐体系天然蒸发结晶所形成的矿物。依据盐矿组成物质形态分为固体石盐（或称岩盐）及液体卤水两种。盐类矿床指以钠、钾、镁的氯化物、硫酸盐、碳酸盐、硼酸和硝酸盐为主要成分的单元或复合盐集合体所构成的工业矿体，以往称其为"蒸发矿床"，强调矿床形成过程中蒸发作用所起的决定性作用。地下卤水也被人称为盐卤矿藏，它们的形成演化更加复杂，与海陆相互作用的地质过程紧密相关，反映了沧桑演变的自然规律和全球气候、环境变化的特点。

关于盐矿的成因，自18世纪以来国际上提出了多种假说，长期居于统治地位的是"沙洲说"。20世纪中叶以来，大量新的盐类矿床的发现，提供了更多的调查材料，对盐类矿床成因进行了新的探索，涌现出各种不同的成盐理论，但总体上很难脱离强烈蒸发、湖泊干涸和水体变浅的框架。

根据国内外盐卤矿藏调查研究的最新进展，结合历史上对盐卤矿藏成因研究的成果分析，对比较流行的几种主要成因理论做一简单概述（王清明，2007）。

2.1.1 沙洲说

德国学者 Bischoff 最早在 1855 年提出蒸发沉积成盐说，认为滨海沙堤后的潟湖中可形成蒸发岩，后来 Walther（1903）将 Bischoff 尊为沙洲说的奠基人。早期蒸发说认为封闭良好的成盐盆地有利于成盐作用，却解释不了巨厚盐层大型盐矿的成因，1877 年，德国学者 Ochshenius 正式提出"沙坝蒸发成盐论"予以修正。Ochshenius 假设了一个通过沙坝的狭窄通道连续不断地供给海水，能使盐类堆积厚度与盆地起初的深度相等。里海东岸的卡拉布加兹戈尔湾（位于土库曼斯坦的巴尔坎州）被看做是沙坝说的模型，为盐类矿床的形成提供了一个相当完整的模式。但它又解释不了盐卤矿藏中各种盐类矿物含量与正常海水化学沉积物之间的不协调，即总硫酸盐

"过剩"现象。两位地层学家 Walther（1894）和 Grabau（1913）研究认为盐矿不是海相蒸发沉积的产物，盐类沉积中普遍不含化石，却常见陆相生物遗迹。

沙洲说提出后，许多学者不断修正和改良，使其在盐类矿床成因理论研究中长期处于统治地位。其中"分离盆地说"和"回流说"最具代表性。Branson（1915）认为地质环境中的成盐机制与盐田晒盐相似，应用溶解度差异分离盐类原理。一个盆地沉积石膏，由于地壳升降运动，沉积石膏后的卤水被导入另一个盆地沉积其他盐类，使盐类分盆地进行沉积，称为"分离盆地"。分离盆地说的基本观点是为了说明矿物蒸发岩的存在。随后，Borchert（1959）又将其发展为"多级海盆说"，认为露出或接近海面的沙洲或珊瑚礁由于地壳运动在陆棚形成一系列深浅不同的沿海多级盆地起着浓缩卤水和成盐准备作用，一旦地壳稍有上升，盆地和海洋间屏障露出海面后，盆地被完全封闭，称为"成盐盆地"，盆地内浓卤水经完全蒸发而干涸，形成巨厚的石盐矿床。

很多学者研究盐矿成因认为，巨厚盐层的沉积，一定要有卤水回流。King（1947）用"回流说"来说明美国二叠纪卡斯提尔组的盐类沉积。Scruton（1953）认为，墨西哥湾西海岸的马德雷潟湖（图 2.1），发生过底部浓卤水的回流，其假设了在干燥气候潟湖里的横向的盐度梯度，以及底部卤水回流到外海的情况，借助于盐度梯度来解释蒸发岩沉积时盐类矿物的水平分带。

沙洲说是一个经典的成盐理论，曾用来解释欧美等地以海水为物质来源的大型盐矿成因和我国上扬子盆地的震旦纪盐矿和三叠纪盐矿。"分离盆地说"可用来解释我国华北地台广布的石膏矿和陕北盐矿的成因。但是，沙坝说仍然存在缺陷，未能很好地说明厚大的、分布广泛的盐类沉积，并很少解释从多组分盐溶液中沉淀的复杂的物理化学作用。

2.1.2 盐沼说

蒸发成盐理论的另一著名假说是"盐沼和萨布哈"学说，萨布哈是阿拉伯语，由 David（1974）提出的术语，指在正常高潮线以上的局限海平原，在干旱到半干旱气候条件下形成的潮上沉积环境，一般位于大陆和潮间带，具有蒸发盐、潮洪和风化沉积的特点，以波斯湾海岸的一片荒芜低

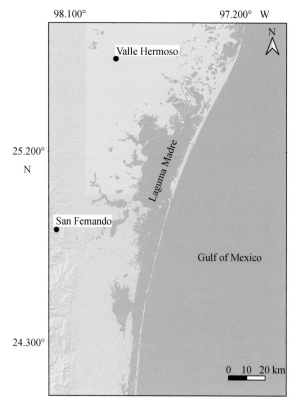

图 2.1 马德雷潟湖位置

平的盐碱地最为代表。对潮上带的盐坪称海岸萨布哈，大陆内干旱盆地形成的盐碱滩、干盐湖则称为大陆萨布哈。

"盐沼和萨布哈"学说根据对阿拉伯海波斯湾南部干燥的特鲁西尔海岸平原上一些蒸发岩的研究结果，认为地形相对较高，涨潮时海水可以漫入潮上平原的洼地，其退潮时留下的海水形成潮上盐湖，在高温和干燥条件下，经强烈蒸发浓缩而沉积蒸发岩。盐沼蒸发岩的主体是石盐和硫酸盐（一般为硬石膏），并伴随有适量的碳酸盐（一般为白云岩）和钾盐，沉积速率为每年数厘米至 15 cm/a。

"盐沼和萨布哈"学说的基本点是在于说明浅水或陆上沉积的沉积学和地球化学方面的证据。有学者认为，我国柴达木盆地达布逊湖现代光卤石沉积，就是"萨布哈"成盐说的例证。陕北盐矿等在成盐过程中，亦出现过"萨布哈"成盐环境。

2.1.3　沙漠盆地说

Walther（1904）根据海相盐类沉积物中不含化石这一基本事实，提出了内陆沙漠盆地成盐的理论。该理论认为，巨大的盐类矿床只有在成为闭流盆地的大陆才能形成。由于大陆面积的 1/5 为内陆干燥区和沙漠区。在这些没有水道经常与海洋贯通的地区，含有分散状盐类的岩石经风化和淋滤作用，其盐类物质被地下水和地表水流带入闭流盆地，在炎热的沙漠性干旱气候条件下蒸发浓缩，沉淀巨厚的盐类矿床。

Walther 用现实主义的方法分析成盐环境。他认为，沙洲成盐模式纯属虚构，卡拉博加兹戈尔海湾不是滨海潟湖，而是一个盐湖。干燥区域的其他盐湖都是蒸发岩沉积的盆地。

"沙漠盆地说"可以用来解释一些古代与沙漠成因的红层相伴生的盐类矿床，如美国东北部志留纪含盐组的成因，我国白垩纪—第三纪的陆相石盐矿床。但是，"沙漠盆地说"无法解释有些欧美国家许多物质源自海水的大型石盐矿床。

2.1.4　深水盆地说

Schmalz（1970）提出的"深水盆地说"认为，圈闭的海盆可能变成一个盐湖，由于海水表面蒸发而产生浓缩卤水，浓缩卤水下沉，并结晶沉积蒸发岩。

"深水盆地说"的主要论据是基于盐类沉积速率与盆地底部的沉积速率相比较。古地理环境提供的证据是，蒸发岩盆地是相当深的地形上的洼地。古盐类沉积一般含有静海沉积物的夹层，如黑色页岩，这种沉积物可作为深水沉积的一个证据。因此推论，盐类与深水沉积物夹层一样，是在同样深的洼地里沉积的。"深水盆地说"的直接证据是，深海钻探的结果确认墨西哥湾下面存在盐类建造，地中海深海钻探结果也证实了中新世末期厚盐层的存在。

即使"深水盆地说"的拥护者，也承认海相蒸发沉积同现代盐沼沉积的相似之处。"深水盆地说"存在的问题是，蒸发岩及其成因上与之有关的沉积物，一般具有浅水的、潮上环境生成的或陆上沉积的迹象，而不是深水沉积。

2.1.5　干化深盆说

许靖华（1972）提出的"干化深盆说"，以古地中海为实例，建立一个干涸内陆湖作为巨型盐矿的成盐模式。他认为，干化地中海不能认为是一个潟湖，其地质环境也不能以一个内陆干盐湖相类比，地中海是一个处于干化的海洋盆地。

在中新世蒸发岩沉积之前，地中海盆地为深的海水所覆盖。在圈闭盆地中逐步进行的干化作用，使海水不断蒸发浓缩，导致盐类矿物在水面低于海平面数千米的地形洼地上的浅卤水池或盐滩依次沉积。碳酸盐和硫酸钙沿盆地边缘在大陆架与大陆坡上沉积。浓卤水流入深海平原，形成了厚层的石盐和钾盐。蒸发岩岩相分布形似牛眼，故称"牛眼式"相带。如果是稳定的潟湖，海水不断进来又不断出去，沉积盐类由海水入口处往盆地内侧依次分带，这种蒸发岩相的分布形似泪滴，叫"泪滴式"相带。

"干化深盆说"正确揭示了深盆地形特征，并为"萨布哈说"和"深水深盆说"找到了各自的适当位置，把这两种显然对立的观点和观察结果统一起来了。

2.1.6　高山深盆说

袁见齐等在20世纪50年代末就注意到我国柴达木盆地"高山深盆"的地形，及对晚更新世以来盐类沉积的重要影响。60年代在研究云南兰坪-思茅拗陷带盐类沉积时，认为同样反映了该区晚白垩纪—第三纪"高山深盆"的古地貌特征。在研究我国白垩纪—第三纪盐类沉积和碎屑岩沉积时，也指出其古地形是盆边峻峭的"高山深盆"。袁见齐等（1983）提出了"高山深盆"的成盐模式。

"高山深盆说"认为，高山深盆是裂谷和地堑构造发展到一定阶段的产物，是现代和古代成盐盆地相当普遍的地貌特征，是一种新的成盐模式。现代的高山深盆位于地壳的活动带上，其地形地貌决定性地影响了该区的气候、水文、植被以及盐类物质来源，使区内干旱少雨，使盐类物质呈现多源性，是最有利的现代成盐环境，我国青海柴达木盆地就是现代盐类沉积的典型实例。

成盐理论的争论尚在继续。随着新的盐类矿床的不断发现，盐矿地质资料的不断积累和总结，不时提出新的成盐理论。而新理论的提出，常常是对旧理论的修正和完善。上述成盐理论，除个别理论纯属假设外，都是以一定的盐矿地质资料为依据，均有其合理的内容。如果试图用某一种成盐理论替代其他各种成盐理论，来解释自然界各种盐类矿床的成因是不现实的。王清明等认为，盐类矿床的成因主要分为海相成因和陆相成因，分别形成碳酸盐岩型盐类矿床和碎屑岩型盐类矿床。对于成盐理论的应用，只能根据各个具体的盐类矿床的实际地质资料，选择性地加以应用。

我国是盐矿资源丰富的地区，也是世界上海洋盐卤矿藏开采利用最早的地区，自传说中夙沙氏"煮海为盐"（李乃胜等，2013），经过古齐国靠海洋原盐变成了"春秋五霸"之首，直到今天山东潍坊市的北部沿海仍然是国内外著名的海洋盐卤化工产业密集区，堪称历史悠久，资源丰富。我国盐卤资源的科学调查工作始于 20 世纪 20 年代末期，最早的研究多集中在四川盆地，因为那里是中国最有名的盐卤资源富集区。对古卤水的成因提出过"浸滤饱和说"（谭锡寿，李春昱，1933），"海水干涸说"（李悦言，1937），"上升蒸发说"（林斯澄，1937）。李悦言认为石盐与苦卤都是海水蒸发浓缩的产物，获得多数人的认同。20 世纪 50 年代以来，盐矿勘探研究从古卤水到石盐矿，不断扩大范围及规模，发现了多种盐矿类型。认为盐类物质是多源的，成矿作用及控矿条件也是多种的，即使对某一盐矿床来讲，在形成过程中也有多种成矿作用及控矿条件。于是出现了"多源综合成矿"观点，强调物源多途径。其中地质构造运动起主导作用，气候与蒸发作用居次要地位（袁见齐，1980；胡受奚等，1983）。

2.2　海洋盐卤矿藏的成矿机制

海洋盐卤矿藏主要指第四纪滨海相地层中的地下卤水。按水文地质学分类原则，矿化度大于 50 g/L 的地下水称为地下卤水。我国的盐卤矿藏分布广，面积大，储藏量丰富，从滨海到内陆都有分布。就成因类型论，既有滨海相，也有内陆湖盆相沉积。就赋存状态来看，有地表卤水，也有处于埋藏状态的地下卤水。其生成时代，由古老的地质时期到第四纪时期及现代均有生成。古代盐卤矿藏生成于第四纪以前的地质时期，在内陆盐湖盆地盐类物质固结阶段之前，以液态封存于古老岩层中。在我国新疆、西藏、四川、甘肃、湖北和山东等地均有分布。

第四纪滨海相地下卤水又被称为"羊口卤水"（羊口镇古名羊角沟，是位于莱州湾南岸小清河入海口的一个古老的渔盐小镇），因莱州湾南岸羊口盐场卤水大规模利用及最早进行科学研究的发源地而得名（图 2.2）。莱州湾沿岸滨海平原的地下卤水生成于晚第四纪，形成沿海岸线展布的巨大矿带。

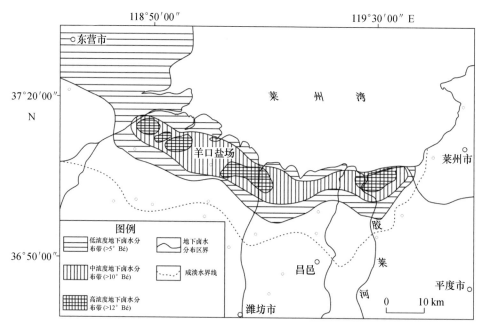

图 2.2　莱州湾沿岸地下卤水分布（根据韩有松等，1996 修改）

关于第四纪（包括现代）的成盐作用，除红海深渊热卤成盐外，均认为与现代盐湖有关，包括干燥区的残留海。它们分布在地球的各大陆内部盆地及其边缘地区，而且成盐过程正在进行中。西方学者将它们统称为"非海相蒸发岩"。而对于分布在现代沿海区域的第四纪滨海相地下盐卤矿床，尚未引起足够的重视。一方面因为这种卤水矿藏在全部盐类资源总量中仅占有很小的比例；另一方面对第四纪滨海相地下卤水的发现，大量开发利用和研究，还仅仅是最近几十年的事情。中国不仅有著名的深层卤水矿床，又有目前所知最重要的第四纪浅层卤水盐矿。现代沿海第四纪地下卤水成因机制的研究，将为丰富世界沉积盐矿理论提供新的探索。

2.2.1 　"海岸潮滩生卤"模式

第四纪和现代滨海相地下卤水处于盐矿生成的初级阶段，相较于其他盐矿，其成卤过程更容易模拟和研究。1982 年，韩有松等提出了"海岸潮滩生卤"机制；张景泉于 1983 年在羊口盐场进行了潮滩生卤简易模拟实验。关于第四纪滨海相地下卤水形成的"海岸潮滩生卤"模式，概括起来说，首先是有利的地理条件，包括有利于蒸发浓缩的干燥气候和温带半湿润区水文条件，有利于生卤的封闭及半封闭浅海湾和宽广的海岸潮滩地貌环境；其次是有物源不断供给；然后是通过蒸发作用浓缩海水，并储存在沉积物中；最后是海退陆进和海陆变迁，埋藏起来形成地下卤水。

地下卤水的生成过程可归纳为：海水→潮滩→蒸发浓缩→下渗聚集→海退埋藏继续浓缩+化学作用+生物作用→地下卤水，如此周而复始。海水密度是温度、盐度和压力的函数，在蒸发浓缩过程中，水分不断散失，造成海水密度增大。由海水演化成卤水，比重增大，由重力作用驱使必然向松散的沉积物孔隙中渗流。潮滩生卤模拟实验和现代潮滩生卤的调查，证实每一个潮周期都有超咸海水（卤水）形成并下渗贮藏于浅层沉积物中。但由于新生卤水聚集于深几十厘米浅层潮滩沉积物内，当下一次潮水灌入时，又可能被稀释冲淡。不论潮滩淤长快慢，完成一个卤水生成阶段，至少需要由潮上带转变为高潮滩的过程。脱离海潮影响的滨海湿地，地下卤水的继续浓缩将加速进行。后期被埋藏起来的时间，更因海岸环境差别而不同。

20 世纪 80 年代初期，韩有松等在羊口盐场的挡潮坝外，进行潮滩沉积调查时发现，在现代高潮滩浅层沉积物中，滞留海水浓度高于潮水 2~3 倍以上。为了查清潮滩浅层地下卤水分布与生成，在莱州湾南岸几个盐场，进行了专门的潮滩沉积剖面测量。

莱州湾南岸潮滩是正在发育中的淤长型堆积海岸潮滩，主要为淤泥质粉砂滩和粉砂滩。滩面宽阔，地势低平，地貌分带性明显。所谓潮滩，就是指高潮与低潮海水作用范围内的海滩（图 2.3）。一般划分为潮上带、潮间带和潮下带。

潮上带指平均高潮位以上，最高高潮位海水作用带，为滨海湿地及盐碱滩，亦称为现代海积平原。地面高程在 5~2.5 m，平均 3 m 左右。包括特大高潮和风暴潮水影响的地区，平均宽度约 5 km。处于入海河流的尾间段，

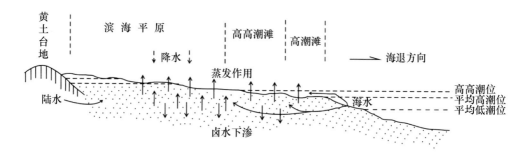

图 2.3　现代海岸潮滩生卤模式示意图

资料来源：根据韩有松等，1996 修改

现代河槽、潮水沟及古河道广泛分布。河槽内枯水季为正常海水，平均深度 0.5~2.5 m，洪水季由于冲淡水汇入，盐度降低到原来的 20%~25%。潮上带向潮间带为逐渐过渡形势，二者明显的地貌标志为平均高潮线附近的坡度是潮上带的 4~5 倍。从潮上带向潮间带过渡的高潮带附近滩裂纹和滩泡构造逐渐消失，很快过渡为宽滩，并出现滩面小型凹坑。

潮间带平均宽度 4~6 km，最大宽度达 8 km。划分为潮间上带、中带与下带。潮间上带，滩面高程低于 2.5 m，滩面光秃，仅在河道两侧有苇丛和碱蓬生长，蟹洞较多。下部出现小型冲刷凹坑，面积一般有数平方米，坑深 5~10 cm，周围有坎，落潮后坑内疏干。该带平均宽度 1~2 km。潮间中带滩面出现大量凹坑，面积有几十平方米，坑深 10~20 cm。坑覆滩率一般为 40%~50%，向下部逐渐增大，最大覆滩率达 80%，最后联成大片碟形浅凹，落潮后坑内残留有海水。此带宽度平均 1~2 km。潮间下带与潮间中带明显区别在于滩面冲蚀坑消失，组成物质显著粗化，为粉砂质砂，一般通过一段几米宽的光滩带后过渡为沙波地。沙波平面上成丘状，部分地区上叠风成波浪形成网状坡地，该带宽度平均为 2~3 km。

在山东半岛若干海湾和潮滩浅层沉积物中，也发现浓度高于海水 12 倍的现代沉积卤水存在。上述调查结果证实，渤海沿岸宽阔的潮滩仍然正在生成卤水。本区为半日潮，在春季一个低潮时滩面残留海水可由 3°Bé 浓缩到 6°Bé 以上；渗漏聚集在高潮滩与潮上带干盐沼滩浅层沉积物中的卤水达 6°~10°Bé 以上。故将它们称为"现代潮滩卤水生成带"。主要指潮间带上带和潮上带潮滩。开敞型潮滩生卤现象的发现，为卤水成因提供了有力佐证。据估算，1 年内 5 个干旱月，在 1 km² 的滩面上，可能生成 10°Bé 卤水约 16 万 m^3。现代卤水生成带聚集的卤水，开始赋存于浅层沉积物中，随着潮滩扩张演变为潮上带，将更加有利于卤水继续浓缩和下渗，并被埋藏，完成地下卤水形成过程。

从现代海岸发育过程来看，海平面稳定或下降，陆源物质入海堆积于海岸带，造成陆地的淤长，高潮滩和潮上带不断向海方向推进，扩大面积，增加卤水的浓缩时空，加速低浓度卤水向高浓度卤水转化。从比较长的地质环境演变时段来说，海面升降造成已经生成的卤水被后来形成的陆相沉积层所埋藏。古地理环境的研究结果证实，多层卤水及其封闭层的交叠，正是海陆变迁的结果。这就是说，卤水生成于海侵后的海退-海岸潮滩的淤长过程，大部分处于潮间及潮上反复推进的交替沉积环境中。它可以随海平面大规模下降，海岸线退缩，海岸不断增长、推进，分布于陆架平原上。然后被后来生成的陆相层超覆埋藏。

一个含卤层组的沉积层往往是由多个砂质及泥质的沉积层序叠置构成，主要是在该沉积旋回发育过程中，海平面可能发生多次低频波动，形成这个海陆变迁轮回中的多个小轮回而造成。即使在一个由潮上带转变为高潮滩的短暂过程中，也会发生若干次反复。所以一个地下卤水层的形成过程是复杂的。因为它所受到的制约因素，是海岸环境的整个体系。在基岩港湾海岸海湾沉积层序中，优质卤水多埋藏于陆相沙层中，可能是上叠海相层中的原生卤水后期迁移的结果。海湾附近的陆相冲积物，以粗颗粒为主，具有较大的孔隙度，为卤水的后期迁移提供了更多的空间。这种滨海陆相沙层为"储卤层"。厚层沉积区松散沉积物的压实作用，对地下卤水从生卤层向储卤层迁移产生重要影响。但也存在另一种可能性，即全新世海侵前的沿海盆地（洼地），在晚更新世末期为干燥环境，当全新世海侵时，海水灌入后成为地下卤水的"母岩"。虽然被后期的海湾沉积层覆盖，全新世晚期海退之后，储存于沉积物中的地下海水，可能通过地下泵吸作用和围岩吸水作用，浓缩成地下卤水。从这个角度来讲，滨海陆相沙层也可以是"生卤层"，是海源陆相卤水的生成方式之一。

莱州湾南岸滨海平原，是中国沿海第四纪滨海相地下卤水矿带分布最大、最连续，卤水浓度最高，储藏量最丰富的地区。因为在这里具有最有利的海岸地貌与水文地质环境。莱州湾位于渤海盆地的南部边缘，背依鲁中鲁东低山丘陵，是一种良好的半封闭大环境；沿海平原相对较狭窄，海岸潮滩宽阔，淤长速率缓慢，海岸动态稳定；潮滩沉积物既有淤泥质粉砂和细砂，又有粗砂及砂砾石，粒度配置适宜；海侵与海退层序发育完整；仅有间歇性小河流汇入，近岸海水淡化作用影响微弱，地表水文条件优良。同时在莱州湾滨海平原含卤地层中，普遍发现由卤水中结晶析出的石膏细脉存在于深部的黏土及砂质黏土层内，说明处于长期埋藏状态的黏土层干化与卤水地下再浓缩现象。故认为第四系地下卤水埋藏后的继续浓缩，在由低浓度演化为高浓度的过程中，亦产生重要作用。相反在黄河口、渤海湾及辽东湾沿岸入海径流较多，其淡化作用影响相对较大，卤水浓度低于莱州湾沿岸。莱州湾沿岸相对于其他岸段整体自然地理环境既有利于生卤，也有利于储藏。

2.2.2　冰冻成卤机制

大自然赋予水的特殊物理特征是"冷涨热缩"，也就是说，固体的水比液态的水密度低，因此冰永远浮在水面上。根据海水结冰实验结果，海冰的水化学性质属于淡水，说明海水结冰能析出盐分。海水的"冷涨热缩"和"海冰析盐"这两大天然物理特性，一方面为冰下海洋世界的芸芸众生在极度寒冷的气候条件下保留了生存空间；另一方面为"冰冻成卤"机制奠定了理论基础。由于结冰析盐作用，必然提高下伏海水的盐度，甚至完全可能析出盐分淀积形成盐湖。

根据天津塘沽盐校 1960 年编著的《海盐工艺学》中苏联学者的实验数据，化学家伊林斯基的实验表明，海水在冰点以下不同低温条件下化学组成发生显著变化，海水浓缩系数随温度降低不断增大。希节尔曼和卡尔兹列夫的实验表明，当温度为 $-1.8℃$ 时大洋海水开始结冰，到 $-7.3℃$ 时芒硝与冰同时结晶析出，到 $-15℃$ 时硫酸钙开始以固相析出。

只要水温不降低到氯化钠的冰晶点，在冰中就不含氯化钠，说明海水结冰浓缩成卤成盐作用是存在的。受此启发，山东省莱央子盐场的韩玉和等（1982）开展过现代莱州湾潮滩冬季海水结冰生成地下卤水可能性的研究尝试。认为海水结冰是潮滩生卤的一个因素。Blatt 等（1972）在《沉积岩成因》一书中也提到过"在局部地方，海水的结冰作用可以残留卤水。"但对海水结冰生卤方式，在地质时期地下卤水形成过程中的作用，其机理如何？探讨地质历史上的"冰期"古地理环境与冰冻生卤作用的相互联系，将会为海洋盐卤矿藏成矿机制研究增加新的内容。

自然条件下的淡水冰点是 0℃，海水因为含有较高的盐分，冰点降低到 -1.8℃。第四纪冰期气候寒冷，中国东部区域年平均气温低于现代 7～10℃，大部分时间处于 0℃ 以下，陆架平原残留在湖中的海水结冰是自然的。那么大面积海退后的湿盐沼滩地和残留咸水湖，极有可能成为冰冻生卤的有利场所，而且在咸水湖中形成的卤水层，会比潮滩生成的卤水层具有更大的分布面积和厚度。如前所述，在地下卤水生成环境中，海退过程是主要成卤阶段。海岸潮滩随海退不断推进，像铺地毯似的逐步覆盖整个滨海平原。尽管尚未取得滨海平原咸水湖成卤的实测资料，冰冻作用形成卤水的推论则是完全可能的。而且第四纪冰期寒冷气候条件下，形成的这种"海源陆相沉积卤水"是地下卤水的一种特殊成因类型，因为它受地理环境的严格制约。比较确切的资料已经阐明，晚更新世末期玉木冰期时，渤海及北黄海陆架平原，可能处于冻土区。可以想象，陆架平原上散布的冰冻咸水湖及冰湖，在永冻层保护下，所形成的卤水或晶析盐类，将获得更加有利的封存。

但当新的"间冰期"到来，气候变暖，冰层融化，海水再一次侵入，对已形成的盐卤会产生怎样的影响？可能会发生几种情况：①地质历史时期封存的深层原生卤水，虽然在其沉积后经历过造山运动和成岩作用，仍然被保存下来；②渤海沿岸地下卤水分布区在第四纪历史中，发生过多次海陆变迁，今日的滨海平原就是昔日间冰期的大陆架，海相层之间的陆相层即是冰期海退之后的陆架平原上的沉积层，如此大规模的海陆变迁，也没有使前期形成的卤水消亡；③对现代渤海大陆架海底是否存在地下卤水矿床的问题，早在地下卤水研究初期就有人提出，在现代低潮带也打出了承压卤水层。所以可以预测，在现代渤海大陆架第四系地层中，很可能有地下卤水层存在。由此可见，陆架平原上生成的地下盐卤可能被冰期陆相沉积层掩埋封存。新时期环境变化可能会对它产生破坏作用，但海退后的陆架平原上，不论是在潮滩湖洼地，或是残留在咸水湖中；也无论是海水蒸发或冰冻浓缩形成的地下卤水层，均有可能被保存下来。

第四纪冰期与间冰期的发生和发展，经历了很长的地质时期，古地理环境的演变同样是一个漫长过程。冰期陆架平原上，因冰冻浓缩形成地下卤水的过程，自然贯穿于全部环境演变历程中。自冰期到来时起，海平面下降及海退是在逐步发展（有时还有短期回升），海盆面积逐渐在缩小，达到一定程度则演变成海盆地的分裂，由大海盆变为各自独立或通过潮汐通道连接的小海盆。冰盛期海平面下降到最低点，全部大陆架露出水面，此时，原海底地形差异，盆地和沟谷等则形成残留海湾或咸水湖。冰冻生卤虽然发生在全部海退阶段，作用于陆架平原的各个有残留海水的地方，应当说主要是发生在冰盛期。另外，即使在冰期中，古气候也有波动和变化。无论在什么情况下，海水结冰及冰水流失的是 H_2O 留下来的盐分。密度大的卤水有可能被沉降到咸水湖的下部，甚至渗漏到湖底的沉积物中去，或者水平迁移到盆地周边的松散沉积物中富集起来。那些早期形成的盐湖，被新的沉积物埋藏后，又可能成为地下卤水的补给来源。所以陆架平原上的咸水湖及盐湖，成为冰期低海面时期地下卤水生成的海水来源。

依据渤海区域古地理环境演变历史特征和蒸发浓缩生卤、冰冻浓缩生卤原理，可以认为，在第四纪地质时期的海侵期与陆化期，只要存在海水物源，均有可能成为生卤成盐期。过去我们曾经认为在莱州湾沿岸滨海陆相砂层中存在的卤水，是海相原生卤水埋藏后迁移的结果，但现在看来，海源陆相原生卤水在这里也可能存在。蒸发生卤作用可以发生在各个时期，而冰冻生卤作用却只能存在于冰期寒冷气候条件下。两种生卤作用在地质时期卤水矿床形成中均具有重要意义。但对中国及全球来讲，蒸发生卤作用分布广泛，冰冻生卤作用只能局限于冰期寒冷气候环境下的陆架平原区。

从距今 24 000 年开始，全球气候逐渐进入最后冰期的最盛时期，大陆冰川十分发育，其范围达到覆盖全球陆地面积的 29%，而现代冰川仅占现代陆地面积的 11%。在现代气候条件下，全球沙漠的面积约占全球陆地面积的 35%。寒冷而又干旱的冰期气候，使世界的沙漠范围得到充分的扩展，许多沙漠学家认为，当时沙漠的范围相当于陆地面积的 50%。所以在最后冰期时期，全球的冰川与沙漠的面积，大约相当于全球陆地面积的 80%，表明冰期时的全球环境是异常恶劣的。

由于低温的环境。在陆架的边缘地区还发育了厚层的冻土分布区。海退后留下来的海相地层，除由于风力吹扬作用而部分发生解体之外，未发生解体的海相地层，就成为永冻层的分布区。当海相地层结冰时，首先析出的冰体是由淡水组成，蒸发作用和短暂夏季的融冰过程都使淡水被排出，经多次重复后，地层中的淡水成分不断消耗，使海相地层的盐分得以保存，并不断地浓缩而成为地下卤水。在全新世海侵过程中，也是永冻层解体的过程中，这种化石卤水因密度较大，依然被保存于地层中。现代的观测资料已经证实，在现代气候条件下，渤海每年都程度不同地发生冰封现象，冰封时期出现永冻层分布区应当是正常的现象。所以中国沿海地区大面积永冻层的存在，一方面保护了海相地层免遭破坏；另一方面还富集了地下卤水，这就是为何在中国北方沿海地区普遍存在地下卤水的原因。

2.3   海水浓缩实验

第四纪滨海相地下卤水来源于海水，但并不是海水的简单浓缩，其浓度要远远高于海水。第四纪地下卤水存在的地质历史短，变化程度低，其水化学特征与现代盐湖卤水及第四纪以前的古地下卤水均存在差异。海水蒸发浓缩和海水结冰析盐是形成盐卤矿藏的两个自然物理过程。根据海水浓缩实验，一定量海水在没有外界海水补给的封闭条件下，通过海水蒸发与冰冻途径的盐类矿物先后析出的顺序及其占海水盐分总量的比值，从而导致不同的特征离子比值和同位素分析结果。

2.3.1   海水蒸发浓缩试验

海水中溶解有大量固体和气体物质，其中含有 80 多种元素，各种元素含量差异甚大，其中氯、钠、镁、钙、钾、硫、溴、碳、锶、硼和氟 11 种元素含量，占溶解于海水中盐分总量的 99.5% 以上。相比于地壳岩石圈内的各种元素含量，海水中以钠含量远高于钾的含量为特征，海水中 Na/K 之比为 27.8，在岩石圈的平均成分中，Na/K 约为 1.09，含量几乎相等。海水中硼、氯和溴的平均含量则分别高于地壳中平均含量的 260 倍、670 倍和 290 倍。

在不同海域或同一海域不同深度内，海水往往具有不同的盐度；同一海区海水盐度有年变化与季节变化。盐分多少与淡水补给量和蒸发量有关。有时，内陆海及大洋深渊中的盐度可达到惊人的程度，如死海盐度为 192，红海盐度为 42，卡拉布加兹戈尔湾盐度为 185 等。此外自寒武纪至今 5 亿多年的地质历史中，海水的平均盐度基本上没有多大的变化。较高等动物血液中各种阳离子比值及其所保持的盐度证明了这一点。

鉴于海水的化学组分及其盐度特征，韩有松等（1996）整理了许多化学家进行的海水经自然蒸发浓缩晶析出盐矿物实验，如苏联学者库尔纳科夫（1935）等的实验查明，当一定体积的海水，经天然蒸发浓缩到密度为 1.08~1.09 时，便有石膏与硬石膏析出，继后便进入自沉淀盐析阶段，顺序为：石盐→硫酸盐→钾盐光石→水氯镁石。布雷奇（1962）在 25℃ 恒温静态蒸发正常海水所得盐类析出顺序为：石膏→石盐→白钠镁矾→硫酸盐→钾盐→镁矾→六水泻盐→水镁矾→光卤石→水氯镁石等。在理想实验条件下，一定量海水在完全没有外界海水补给的封闭条件下，经连续蒸发到完全干涸时，盐类矿物先后析出的顺序及其占海水中盐分总量的比值如下。

沉淀顺序	总盐分占比
1）方解石+白云石	1%
2）石膏	3%
3）石盐（+石膏）	69%
4）钠镁硫酸盐、钾盐、水氯镁石	27%

实验证明，海水蒸发作用确实是一种重要的成盐作用，尽管形成巨大盐矿床需要有一定的气候、地理、水文和地质构造条件。当然，地质历史上形成的盐矿床，其环境条件要比上述实验复杂得多（何起祥，1978；胡受奚等，1983）。

2.3.2 海水冰冻浓缩实验

滨海相第四纪地下卤水来源于海水已得到共识，但通过冰冻还是蒸发仍然存在较大争议，尤其是冰冻成卤是否存在，尚缺乏直接证据。针对这一问题，许多学者进行了海水蒸发或冰冻实验，以期获得海水浓缩过程中的化学演化规律。

海水冰冻实验中发现（Herut 等，1990），冰冻生卤过程中，当海水浓缩倍数为 3.65 时，钠以芒硝的形式从海水中移出，根据海水冰冻实验数据而做的 Na/Cl 比与浓缩倍数关系如图 2.4 所示。

从图 2.4 中可知，冰冻过程中，Na/Cl 比随浓缩倍数增加呈明显的下降

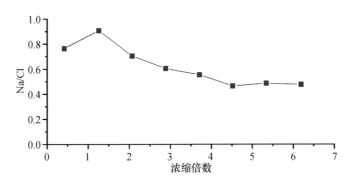

图 2.4　冰冻过程 Na/Cl 比值变化曲线

趋势。而在海水蒸发实验中（McCaffry 等，1987），钠要在浓缩到 10 倍时才以石盐的形式从海水中移出，因此海水蒸发浓缩时，Na/Cl 比要在浓缩到 10 倍时才快速减小。

由图 2.5 可知 Na/Cl 比在海水蒸发过程中随浓缩倍数增加没有明显的变化。

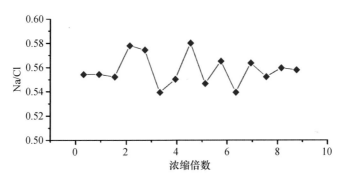

图 2.5　蒸发过程 Na/Cl 比值变化曲线

海水冰冻实验过程中 Ca/Mg 比基本恒定（图 2.6）。而蒸发实验表明，当海水浓缩到 1.8 倍时有 $CaCO_3$ 析出，浓缩到 4 倍时有 $CaSO_4$ 析出，Ca/Mg 迅速减小（图 2.7）。

2.3.3　海水浓缩过程中离子比值和同位素变化

Herut 等（1990）综合分析了海水蒸发与冰冻过程中主要离子的变化情况，认为 $(Na/Cl)_{meq}$ - $(Br/Cl)_{meq}$ 比值具有显著代表性，以此为基础绘制了海水蒸发与冰冻过程中的标准曲线（图 2.8），并被广泛使用。但是这个

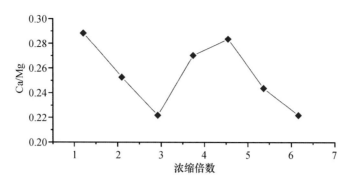

图 2.6　冰冻过程 Ca/Mg 变化曲线

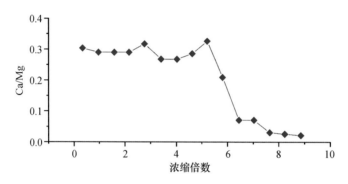

图 2.7　蒸发过程 Ca/Mg 变化曲线

特征曲线是利用通过其他方法研究已知海水浓缩途径的野外采集地下卤水样品绘制的，如果将通过室内海水蒸发与冰冻试验的数据输入后，在该特征曲线上并不能得到很好的区分，莱州湾地下卤水样品同样如此。也就是说，利用离子特征曲线区分海水浓缩途径的方法并不是很准确。

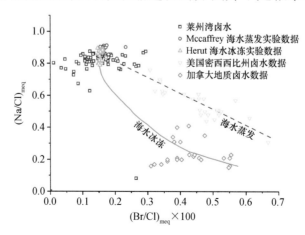

图 2.8　海水蒸发与冰冻过程中（Na/Cl）$_{meq}$-（Br/Cl）$_{meq}$比值

天然水中存在有两种氢的稳定同位素 ^1H 和 D（即 ^1H，未考虑痕量同位素），它们的天然平均丰度分别为 99.984 4% 和 0.015 6%。由于 ^1H 和 D 是所有元素同位素的稳定同位素中原子质量相差最大的一对，使得水在气相、液相和固相之间变化时 ^1H 和 D 产生比较明显的同位素分馏效应，通常质量较大的 D 原子比较容易保留在分子活性比较低的相态，而质量相对较小的 ^1H 原子则倾向于迁移到分子活性较高的相态。因而水在结冰过程中所形成的固相冰，在理论上应富集氢的重同位素 D，其 δD 值与原来水平相比应该偏正，残留溶液的 δD 值则应偏负；而在蒸发过程中重同位素 D 倾向于保留在相对于水蒸气分子活性较低的液态水中，使残留溶液的 δD 值偏正。因此，自然海水在结冰析盐过程中形成的残留卤水 δD 值，在理论上应随着海水结冰过程的进行而逐渐降低；而海水在蒸发过程中不断失去富含轻同位素 ^1H 的水蒸气，使残留卤水的 δD 值随蒸发过程的继续而逐渐升高。残留卤水 δD 值在这两个过程中应该表现出相反的变化趋势。

孟广兰等（1999）通过实验研究得出，海水在结冰析盐形成高浓度卤水的过程中，残留卤水的 δD 值随结冰厚度的加大而逐渐降低，在 δD-TDS 关系图中表现为随卤水浓度（以 TDS 为标度）的升高 δD 值逐渐降低，δD 值与原来海水相比表现出趋负的倾向，与理论预测非常吻合。在海水蒸发过程中，随蒸发强度的加大，残留卤水的浓度逐渐升高，卤水的 δD 值也逐渐变大，与原来海水相比表现出明显的偏正趋势。

对冰冻实验中所取冰样的氢稳定同位素测定结果进行分析，冰柱上冰的 δD 值自上而下逐渐降低，而冰中所含盐分的量却逐渐升高，这一现象反映出随着海冰结冰析盐过程的进行，海水中的淡水以冰的形式不断迁移出，冰的厚度逐渐变大，而水中的重同位素 D 也不断被冰富集移出，使残留卤水中 D 的浓度逐渐降低，导致后析出的冰所能富集的 D 的含量越来越少；同时，冰的大量析出也使残留卤水总溶解固体（TDS）的量逐渐变大，使得后析出的冰在析出过程中面临更大的盐分浓度梯度，导致冰晶中包裹的盐分的量逐渐增多。海水冰冻过程析出的冰的 δD 值变化情况从另一侧面验证了海水结冰形成卤水的过程中，重同位素 D 趋贫的客观物理过程。

此外，Li、Br、Sr、Cl 等同位素也被广泛应用于地下卤水的研究，但多被用来证实地下卤水来源于海水，对浓缩机制的区分并不是十分有效。

2.4 莱州湾地下卤水成因分析

2009 年 6 月在莱州湾南岸滨海平原地区共采集地下卤水样品 114 个，样品全部为高浓度地下卤水，其浓度远远超过海水。宏量组分是组成地下水浓度的主干部分，它决定了水的基本特征，是对比和分类的基础，它反映了水化学成分形成过程的趋向。根据样品的水化学总体特征表（表 2.1），可以得出，地下卤水中宏量组分的数量关系。地下卤水中阴离子中 Cl^- 占绝对优势，SO_4^{2-} 次之，HCO_3^- 较少；地下卤水中阳离子中 Na^+ 占绝对优势，Mg^{2+} 次之，其后为 Ca^{2+}，此特征与海水是一致的。Na^+、Mg^{2+}、Cl^-、SO_4^{2-} 的平均值和标准偏差都较大，反映其在地下卤水中的绝对含量较大，为地下卤水中的主要阴、阳离子，是决定地下卤水水化学特征的主要变量。

表 2.1 莱州湾沿岸地下卤水化学总体特征

元素	最小值 / (mg·L^{-1})	最大值 / (mg·L^{-1})	平均值 / (mg·L^{-1})	标准偏差	变异系数	海水平均值 / (mg·L^{-1})	变异性 Var/%
Na^+	17 820.00	67 920.00	41 528.42	10 687.84	25.74	10 760	74.00
K^+	239.20	1 367.40	771.81	245.47	31.81	387	83.00
Ca^{2+}	631.20	1 929.80	1 125.70	269.92	23.98	413	67.00
Mg^{2+}	2 638.30	12 969.90	6 054.66	1 624.44	26.83	1 294	80.00
Cl^-	34 651.60	122 842.80	76 698.67	18 960.76	24.72	19 353	72.00
SO_4^{2-}	4 595.40	17 740.40	10 074.84	2 531.41	25.13	2712	74.00
HCO_3^-	214.30	970.50	415.37	105.82	25.48	142	78.00
Br^-	10.00	540.00	251.33	77.81	30.96	67	98.00

海水中化合物溶解度由小到大依次为 $CaCO_3$、$MgCO_3$、$CaSO_4$、$MgSO_4$、$NaCl$，浅层海水是碳酸钙的饱和溶液，在海水蒸发浓缩过程中，首先析出文石和方解石沉淀，使得 Ca^{2+} 和 HCO_3^- 同时降低，所以 Ca^{2+} 和 HCO_3^- 在地下卤水中的含量相对偏低。随着矿化度的升高，海水中有石膏析出，SO_4^{2-} 也开始形成沉淀，只有氯盐的溶解度最高，Cl^- 仍处于溶解状态，其含量在阴离子中最高。海水中 Na^+ 含量远大于 Mg^{2+}，并且其溶解度也较大，所以 Na^+

在阳离子中占绝对优势。从离子空间变异上看，最大的是 K^+；其次为 Br^-；最小的为 Ca^{2+}（表 2.1）。

在地下水化学成分中，许多化学组分之间在彼此的含量上存在某种相关关系（或共生关系），即一些化学元素含量间的比值趋于固定。依据某些元素含量间的这种固定关系，便可以对地下水的成因和所处环境做出分析和判断，这种方法称为比例系数分析法。

由表 2.1 可知，地下卤水与海水的化学组成基本特征相同，所含元素组分相近，主要元素排列顺序也相同，主要离子含量百分比存在较小差异。依据元素比例系数分析，海水中最有意义的是 rNa/rCl 比值，因为其具有最大的稳定性，使用其离子比值可以判断地下水的成因和变质作用强度。当地下水 rNa/rCl≈0.87 时，属于海水的派生水；当 rNa/rCl<0.87 时，海水发生了变质，比值越小，变质作用越强烈。由图 2.9 可以看出，除个别样品外，莱州湾南岸地下卤水的 rNa/rCl 变化范围基本在 0.78~0.9 之间，全部样品 rNa/rCl 平均值为 0.833，低于 0.87。从另一个角度证明，莱州湾南岸地下卤水来源于海水，并且变质作用不大。

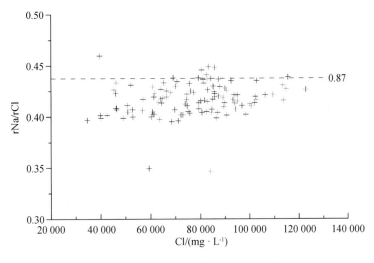

图 2.9　地下卤水的 rNa/rCl 比值

Mg^{2+} 在地下淡水中绝对含量通常都较 Ca^{2+} 要小，但在海水中 Mg^{2+} 含量要比 Ca^{2+} 大得多，海水的 rMg/rCa 值约为 5.5，一般地下淡水不可能达到如此高值。因此，可以根据 rMg/rCa 值来判断海水入侵范围与程度。从莱州湾南岸地下卤水的 rMg/rCa 来看（图2.10），其平均值达到9.34，远远超过5.5，同样证明地下卤水来源于海水，但又不是海水的简单浓缩。

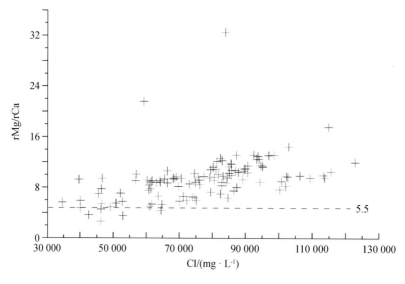

图 2.10　地下卤水的 rMg/rCa

海水 K/Br 值是 5.80，海水蒸发浓缩程度越高，则 K/Br 值就越低，所以沉积卤水的钾溴系数不会大于 5.80，大于 5.80 的应是溶滤了钾盐的溶滤卤水，高矿化水受淡化后，K/Br 值基本无影响。从莱州湾南岸的地下卤水的 K/Br 值来看，全部样品平均值为 3.59，并且比值基本小于 5.80（图2.11），仅个别点数值较高，说明当地卤水为沉积卤水，并且浓缩程度很高。

在卤水的形成时期，海水为沉积提供了物质来源。在间冰期的海侵期间气候温热，冰期的海退期间气候干冷，这种气候由湿热至干冷变化，使海水在退去过程中，在潮间带存在强烈的蒸发作用，使之浓缩成为高浓度海水，浓缩海水在密度差的作用下向地下深部运移。因此，气候特点为海水浓缩形成提供了条件。间冰期的海侵期间，形成海积层；间冰期结束后的海退期间，陆相沉积物将海积层覆盖，而河流搬运力在海积层地带减弱，沉积物为粉细砂和黏土。随着海积层被覆盖，含卤层被逐渐埋藏起来，为卤水保存提供了条件。

冰期海退时，海面逐渐降低，当海面降低到一定的程度，受渤海海峡阻隔，渤海与黄海基本失去交换能力，形成相对封闭的"渤海盐湖"，具备

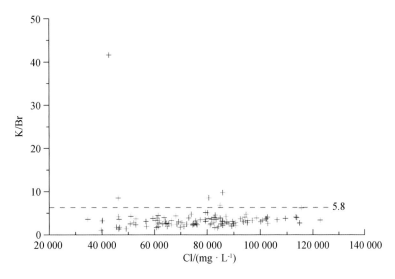

图 2.11　地下卤水的 K/Br

了有利于成卤的地形地貌。海退时气候干冷，海水在强烈的蒸发及海水冰冻析出淡水两方面的作用下，使之浓缩成为高浓度海水，浓缩海水在密度差的作用下向地下深部运移，埋藏形成地下卤水。

在冰期海退时期的结冰时长和结冰厚度都要大于现代，这是形成冰冻成卤的理论基础。在大幅度的海退过程中，海面不是等速度下降，也不是一年就下降上百米，而是以数千年为单位的下降过程。所以在短期内来不及后退的海区，当海面降低到一定深度以后，异常的降温可以把整个海区冻结起来。由此看来，在冰期海退时期，在陆架平原残留咸水湖中的海水结冰是自然的。大面积海退后的湿盐沼滩地和残留咸水湖，极有可能成为冰冻生卤的有利场所，而且在咸水湖中形成的卤水层，会比潮滩生成的卤水层具有更大的分布面积和厚度。海岸潮滩随海退不断推进，逐步覆盖整个滨海平原。

当冰期来临之际，海退后留下来的海相地层，除由于风力吹扬作用而部分发生解体之外，未发生解体的海相地层，特别是含有水分的地层容易成为永冻层分布区。当海相地层结冰时，首先析出的冰体是由淡水所组成，蒸发作用和短暂夏季的融冰过程都使淡水被排出，这一简单的过程经多次重复后，地层中的淡水成分不断消耗，使海相地层的盐分得以保存，并得到不断地浓缩而成为地下卤水。所以中国沿海地区，大面积永冻层的存在，一方面保护了海相地层免遭破坏；另一方面还富集了地下卤水。

综上所述，莱州湾南岸地区，地下卤水来源于海水，潮滩蒸发生卤和冰冻成卤从理论上来讲都是可能存在的。莱州湾南岸的地质地貌、水文地质条件以及第四纪以来的环境演化表明，无论是蒸发成卤，还是冰冻成卤，都有可能。从水化学分析和同位素结果来看，莱州湾南岸地下卤水是蒸发成因。但是，莱州湾南岸地下盐卤矿藏也存在冰冻成因的可能性，其主要原因有以下 3 个方面。

（1）莱州湾南岸地下卤水形成以后是经过长期的地质演变才形成目前的状态，在这个演变过程中包括地下卤水与淡水，地下卤水与海水，不同层位之间地下卤水之间的水力交换和混合，以及地下卤水与含水岩系进行的离子交换，所以，目前的地下卤水并不能完全反映卤水形成时的状态，以目前地下卤水的水化学组分和同位素特征来分析其形成机制存在局限。

（2）模拟卤水形成时的蒸发和冰冻实验都是在相对理想的实验室条件下完成的，并不能很好地反映当时的地质环境背景，尤其是冰冻实验，都是在很短时间内快速完成的，而实际的冰冻成卤过程应该是一个长期和缓慢的过程。另一方面，用来做蒸发或实验的载体都是现代海水，而现代海水同古海水相比，还是存在较大差别。

（3）目前的相关研究，样品的采集多数为混合样，很少能实现分层取样，并不能真实地反映卤水的水化学特性。莱州湾地区卤水分为多层，采集的样品是否具有代表性也是一个重要问题。

因此，到目前为止，虽然莱州湾地区地下卤水成因都指向海水蒸发，然而受各种条件限制，目前区分地下卤水形成机制存在一定的局限性，只能从总体上反映卤水的主要成因。因此，要准确分析莱州湾南岸地区地下卤水不同层位的具体成因，还需要探索新的分析方法。

参考文献

韩有松,孟广兰,王少青,等.1996.中国北方沿海第四纪地下卤水.北京:科学出版社.

何起祥.1978.沉积岩与沉积矿床.北京:地质出版社,212-230.

胡受奚,周顺之,等.1983.矿床学.北京:地质出版社,101-136.

李乃胜,胡建廷,马玉鑫,等.2013.试论"盐圣"夙沙氏的历史地位和作用.太平洋学报,21(3):96-103.

李悦言. 1940. 川盐矿床论. 地质论评,(04):495-506.

林斯澄. 1937. 四川卤矿及岩盐成因之探讨. 地质论评,2(4):339-344.

孟广兰,王珍岩,王少青,等. 1999. 冰冻成因卤水的水化学标志——Ⅰ. 卤水的δD 值.
　海洋与湖沼,(04): 416-420.

谭锡寿,李春昱. 1933. 四川盐矿概论. 地质汇报,22:45-122.

王清明. 2007. 石盐矿床与勘查. 北京:化学工业出版社.

王珍岩,孟广兰,王少青. 2003. 渤海莱州湾南岸第四纪地下卤水演化的地球化学模拟.
　海洋地质与第四纪地质, 23(01): 49-53.

袁见齐,霍承禹,蔡克勤. 1983. 高山深盆的成盐环境——一种新的成盐模式的剖析[J].
　地质论评,29(2):159-165.

袁见齐. 1980. 盐类矿床成因理论的新发展并论中国钾盐找矿问题[J]. 化工地质,
　(1):3-7.

袁见齐. 1989. 袁见齐教授盐矿地质论文选集. 北京:学苑出版社.

Amadeus W Grabau. 1913. Principles of Stratigraphy. New York:A. G. Seiler and company.

Blatt H, Middleton G V, Murray R C. 1972. 沉积岩成因. 《沉积岩成因》翻译组译. 北京:
　科学出版社,359.

Branson E B. 1915. Origin of thick gypsum and salt deposits[J]. Geological Society of
　America Bulletin, 26(1):231-242.

David Kinsman. 1974. Calcium sulfate minerals of evaporite deposits:Their primary
　mineralogy //A J Coogan (Editor). Fourth Symposium on Salt, Northern Ohio Geological
　Society,(1):343-348.

Hermann Borchert,Richard O Muir. 1976. 盐类矿床-蒸发岩的成因、变质和变形. 袁见齐,
　张瑞锡,张昌明译. 北京:北京出版社.

Herut B, Starinsky A, Katz A, et al. 1990. The role of seawater freezing in the formation of
　subsurface brines. Geochimica Et Cosmochimica Acta, 54(1):13-21.

King R H. 1947. Sedimentation in Permian Castile Sea [J]. AAPG Bulletin, 31(3):470
　-477.

McCaffrey M A, Lazar B, Holland H D. 1987. The evaporation path of seawater and the co-
　precipitation of br (super -) and k (super +) with halite. Journal of Sedimentary
　Research, 57(5):928-937.

Ochsenius Carl, Schmid Ernst Erhard. 1877. Die bildung der steinsalzlager und ihrer mutter-
　laugensalze : unter specieller berücksichtigung der flötze von douglashall in der egeln'schen

mulde/von carl ochsenius. － halle : pfeffer

Schmalz R F. 1970. Environment of marine evaporate deposition[J]. Miner: Industrial, 35 (8):1-7.

Scruton P C. 1953. Deposition of evaporites[J]. AAPG Bulletin, 37(11):798-823.

Walther J. 1894. Einleitung in die Geologie als historische Wissenschaft. In Lithogenesis der Gegenwart. Jena: G. Fischer, Bd. (3): 535-1055.

Walther J. 1904. Ueber die Fauna eines Binnensees in der Buntsandsteinwüste. －Centralblatt für Mineralogie, Geologie und Paläontologie, 5-12, Stuttgart.

第 3 章　地下盐卤资源的调查勘探

　　我国的盐卤资源丰富，蕴藏量巨大，分布广泛。按盐卤的来源可分为海洋卤水和盐湖卤水；按照形成年代可以分为现代盐卤（第四纪以来）和古代盐卤（第四纪以前）；按照埋藏条件又可分为地表盐卤和地下盐卤水。由于地表盐卤出露于地面，调查勘探相较于地下盐卤较为简易，因此本章着重探讨地下盐卤资源的调查勘探技术方法。

　　资源与环境是一对相互影响、相互作用，甚至相互矛盾的孪生兄弟，在经济发展过程中，开发资源和保护环境往往形成了相互对立的两个方面。如何在开发中保护、在保护中开发，实现资源与环境的协调发展、有序发展、可持续发展已成为全人类的共性问题，越来越引起世界各国的高度关注。例如，分布在沿海区域的第四纪滨海相地下卤水，既是重要的自然资源，又是水文地质环境的主要因素，也是自然灾害的重要参与分子，更是造成环境污染的主要元凶。它如许多自然因素一样，同时具有资源与环境的双重含义。地下卤水自身存在是一个统一的物体，当它与周围环境（包括人和自然）发生作用时，有利又有害。从自然辩证法角度看待它，是一个客观存在的、含有对立统一属性的自然物质。在滨海平原地区，地下卤水对水文地质环境产生重大影响。地下水循环体系中地下卤水的运动影响着地下水的物理化学变化和土壤的地球化学性质，直接制约该地区的生物生态系统。因此，地下卤水作为宝贵的液体可再生矿藏，对现代社会进步具有重要的经济价值，对未来人类文明进程具有重要的战略意义。但地下卤水又是咸水入侵和土壤盐渍化的主要物源之一。大量的开采利用，可以减少这种环境污染源。所以如何开展地下卤水的合理开发利用，使资源与环境走向统一，是当今亟须解决的问题之一。

　　本章基于"地调普查、物探先行、钻探验证、测井跟进、综合研究"，这种资源勘查模式，对地下盐卤调查勘探技术体系进行相关介绍，梳理我国地下卤水赋存区的地质环境特征，结合以往研究学者在全国典型区域开展的盐卤资源调查，讨论我国地下盐卤资源调查勘探技术手段及勘查工作流程。

3.1 地下盐卤资源地质调查

地下盐卤资源，达到一定工业品位就是"盐卤矿藏"，如果固结成岩，就是盐岩矿床。本节一般称可再生的液体盐矿藏为"地下卤水"，主要包括海洋卤水及埋藏于地下的古代卤水两大类。

海洋卤水资源根据其产出方式可以划分为3种情况：一种是直接从海水中提取有用组分，生产所需的产品，称为海水化学资源；另一种是滨海的地下卤水；还有一种是在海水制盐过程中所产生的苦卤。在这3种卤水资源中，一般只把滨海地下卤水称为地下盐卤资源。我国滨海地下盐卤资源主要分布在环渤海地区，包括莱州湾、辽东湾和渤海沿岸。在苏北浅滩至杭州湾一带也有较大面积分布。本章将以渤海盆地卤水资源作为海洋卤水的代表进行相关的卤水资源地质调查描述。

古代卤水主要分布于四川、山东、青海与新疆等地。四川盆地卤水资源类型为高矿化度的富钾型，矿化度在川中地区最高，川北和川西其次，川南和川东地区较低；卤水中阴离子含量在川中地区最高，川西和川中地区最低；阳离子含量总体变化幅度不大，在川西和川北地区相对较高。青海省的卤水资源主要分布于柴达木盆地，该盆地是我国卤水资源最丰富的地区，且类型众多，其中以高矿化度的富钾型和富镁钠型为主，山前卤水类型为硫酸型，随海拔升高，卤水类型逐渐过渡为碳酸盐型，而在冲积湖平原区和丘陵低洼地带，由于地下水更替迟缓，蒸发作用强烈，卤水类型为氯钠型，矿化度呈现局部高的特点。新疆塔里木盆地的罗布泊盐湖卤水属于硫酸镁亚型，赋存钾、镁、钠、硫酸盐等成分，卤水矿化度总体上呈现南北低，中间高的分布特征。因此，本章将以四川盆地、柴达木盆地和塔里木盆地卤水资源作为代表进行相关的古卤水资源地质调查描述。

对于地下盐卤资源进行调查，必须依托于先进的技术方法，并且因地制宜，结合滨海地质环境和盐湖盆地自身的自然地质特点，确保地下盐卤资源调查的全面性、准确性与方法的合理性和可行性。因此，本节着重于地下盐卤资源赋存区的地质概况，为其地质调查提供地质环境背景。

3.1.1　海洋卤水地质调查

海洋卤水地质调查主要指在沿海地区的滨海平原第四纪沉积地层、潮滩潮坪沉积层、河口冲积层以及河口三角洲沉积层的地下卤水地质调查勘探。由于环渤海地区是我国，乃至全世界最著名的地下卤水富集区，因此，本节以渤海盆地为例，进行海洋卤水资源地质调查的简略性论述。

3.1.1.1　渤海盆地的自然地理特征

渤海是中国的内海，位于 37°07′—40°56′N，117°33′—122°08′E。三面环陆，仅东面通过渤海海峡与黄海相通。渤海南北长 560 km，东西宽 300 km，总面积约 78 000 km²。由中央海盆、渤海湾、莱州湾、辽东湾和渤海海峡 5 个部分组成。海域平均水深仅有 18 m，有 26% 的海区水深小于10 m。中央海盆水深一般为 20~25 m，最大 30 m。渤海全海区的海底地形从沿岸海湾向中央海盆及渤海海峡方向倾斜，平均坡度为 28″，属于一个宽浅的大型内陆海湾（韩有松，1996）。

渤海的三大海湾分别分布于南部、北部和西部。莱州湾位于渤海南部，37°17′—37°30′N，118°55′—119°55′E 区域。海湾与中央海盆的分界线为黄河口至山东半岛屺姆角的连线。莱州湾伸入内陆约 50 km，它的西侧为黄河三角洲平原，南部为潍北平原，东面为胶东半岛低山丘陵。海区水深均小于 12 m，是三大海湾中水深最浅的水域，是一个宽浅的碟型海盆。黄河三角洲将莱州湾与渤海湾分开。渤海湾位于渤海西部，即 38°10′—39°20′N，117°30′—119°10′E。海湾与中央海盆以老黄河口至河北大清河口的连线为界。海湾伸入内陆达 80 km。南侧为黄河三角洲平原，西岸为天津平原，北面为滦河三角洲平原。海湾水深一般小于 20 m，平均小于 10 m。渤海湾与辽东湾被冀东及辽西低山丘陵分开。辽东湾位于渤海北部海域，海湾与中央海盆的区界为大清河口至辽东半岛南端的老铁山连线。海湾西侧为冀东与辽西丘陵，北面为辽河三角洲平原，东面为辽东半岛丘陵。海湾呈南北向伸展，深入内陆达120 km，东西宽约 80 km，是渤海三大海湾中水域面积最大的一个。湾内水深平均小于 20 m，湾口区水深达 25~30 m，湾顶区水深小于 10 m。渤海海峡在渤海最东部，位于辽东半岛与胶东半岛之间，由老铁山水道和串珠状的庙岛列岛组成。老铁山水道最深处超过 70 m，是整个渤海的最深点。渤海海峡是黄海与渤海的分界线，由于含沙量的差异，两侧海水颜色明显不同。

渤海沿岸有大小入海河流 60 余条。最大河流是黄河，发源于青藏高原，流经中国大陆北方干旱及半干旱区，沙漠及黄土高原，穿过中条山、太行山与伏牛山之间，越过三门峡之后进入华北平原，在山东东营市汇入渤海。黄河泥沙是塑造华北冲积平原和渤海西岸滨海平原的主要物源，发挥着主导作用。黄河入海泥沙扩散影响着莱州湾与渤海湾的沉积作用，海岸潮滩的淤长，主要物源也是来自黄河。渤海湾北岸的大河是滦河水系，滦河入海泥沙影响着渤海北岸的潮滩沉积作用，是该岸段的主要陆地营造者。

渤海是一个半封闭的中尺度内海，海洋水文动力要素基本特征，受外海及陆地轮廓、入海径流、海底地形和大气环流影响形成。其大部分海域属不规则半日潮区。渤海环流主要由黄海暖流余脉和渤海沿岸流组成。除夏季 6—8 月，特别是 8 月外，从海峡北部以高盐水舌入侵的黄海暖流余脉，进入渤海中央并延伸到渤海西岸，受海岸阻挡而分成南北两支；北支沿辽东湾西岸北上，并与自辽河口沿辽东湾东岸南下的低盐水（即辽东湾沿岸流）相结合，组成顺时针方向的流动；南支伸入渤海湾后，转折南下，与自黄河口及莱州湾外向东流的低盐浑水相汇，形成反时针方向的流动，并从海峡南部流出渤海。这一环流模式，在一年的多数月份是基本稳定的，仅在个别月份沿岸入海径流量骤增或风力作用增强，形成局部小环流，带有密度流性质。渤海的水团是与上述环流模式相呼应的。主要包括两部分：一是由辽东湾沿岸水和渤海南部沿岸水组成的渤海沿岸水团；另一个是伸入渤海的黄海水团。前者源于黄河、滦河、辽河等入海径流的冲淡水，主要特征是盐度低，水平梯度大，温、盐度年变幅也大；后者是黄海暖流带来的高盐水和渤海沿岸冲淡水混合而成的变性水团。其盐度介于外海水的盐度与沿岸流的盐度之间（29.0~33.5），温、盐度变化显著，垂直结构有季节性变化，形成夏季和冬季两种类型。

3.1.1.2　渤海盆地地质概况

该区域第四系滨海相地下卤水矿床的含卤岩系均由一套海陆交互相沉积岩层组成，其地层结构特点在滨海平原海岸区与基岩港湾海岸区差异较大。渤海滨海平原海岸区莱州湾沿岸与渤海湾、辽东湾沿岸也不相同。依据它们的结构特征，可以划分出莱州湾型、渤海湾型以及辽东湾型 3 种基本结构类型。

根据第四纪水文地球化学环境分析，莱州湾型与渤海湾型分布区，由于具有深厚的第四系沉积层，地下水含水层为三元结构，即上部为卤水层，中部为咸水层，下部为淡水层。有的岸段在局部卤水层顶部生存有表层淡水层。辽东湾型地区地势地平，第四纪沉积层厚达 500 m，上部层段厚 40~150 m，一般存在 2 层地下卤水，埋深在 20~40 m，为承压卤水层。很多地区不存在潜水卤水层，可能与该地区辽河大量的径流入海，浅层冲淡水的淡化作用有关。

3 种含卤岩系地层结构类型的地理分布，与区域第四纪水文地质环境相关。它们的形成完全取决于各自所处的地理位置、区域地貌、第四系地层及沉积环境、区域第四纪水文地质发育历史、陆地水文条件、海岸动态变化等。

3.1.1.3　环渤海地区水文地质概况

莱州湾南岸平原背依鲁中及胶东低山丘陵，向北到海宽度一般为 10~30 km，由东向西逐渐展宽，到广饶即与黄河三角洲平原连接。滨海平原东起莱州市沙河镇，西至寿光市小清河口，东西长 120 km 以上。为山前倾斜平原，海拔高程在 50 m 以下，从陆到海地形坡降平均在 1/2 000~1/3 000 以下，坡度相对较大。平原地貌分带性决定了水文地质环境分带显著，近陆侧为山前冲积、洪积平原淡水区带，近海侧为滨海平原咸水区带，中间为冲积、海积平原咸、淡水混合带。在咸水区的近海地带分布有高矿化度地下卤水，形成一条位于海滨的地下卤水带，这是本区水文地质环境最为突出的特点之一。平原地势决定了地下卤水的补给与排泄，全区趋势是由陆向海依次推进，形成原始地下水的单向运动水力系统。地表水系均为流程小、径流小的季节性小河流，近几十年来拦蓄补源水利工程，基本上已全部使每年 500 mm 大气降水及其地表径流量进入地下水系统。本区滨海平原第四纪松散沉积层厚 100~300 m，上部 50~120 m 层段为咸水含水层组，从海向陆逐渐变薄，最后消失在咸淡水交接带中。滨海咸水层中夹有矿化度达 50~200 g/L 的地下卤水体。咸淡水界面埋深一般为 50~150 m，近一二十年来正在下降到 200 m 以下。由于过量开采淡水形成多处下降漏斗，由海向陆方向的地下水正在补给（入侵）过程中，造成了复杂的双向地下水动力系统。在滨海平原区，仅在咸淡水过渡带内存在地表浅层淡水体，埋深小于 40 m，近年来也受到地下咸水入侵影响。本区的地下水质类型与其他滨海平原区相似，咸水为 Cl-Na 或 Cl-Na·Mg 型，浅层微咸水、淡水主要为 Cl·HCO$_3$-Na·Mg 型。

黄河三角洲平原是华北大平原的组成部分，由于黄河三角洲的发育，带来了一个特殊的滨海平原水文地质环境区。平原地势特别低平，全部为咸水。水平分布从陆到海形成浅层咸水、盐水和卤水 3 个区带，咸淡水界面最大埋藏深度为 150 m，局部超过 300 m。第四系沉积层厚度一般大于 400 m，淡水层埋藏深度大。基本上具有二元结构的特点。由于特殊的沉积环境及地貌形成过程，浅层咸水的水化学特征比较复杂。水化学类型随水质矿化度增高，由复杂到简单，而且从陆向海、由浅到深变化较大。内陆洼地的咸水，矿化度一般小于 5 g/L，水质类型以 SO$_4$·Cl·HCO$_3$-Na·Mg 型为主；内陆盐化与海水入侵的混合型咸水，矿化度一般小于 10 g/L，水质类型为 Cl·SO$_4$-Na·Mg 型及 Cl-Na 型；滨海残留海水与大陆水混合型水，矿化度小于 50 g/L，为 Cl-Na 型。滨海残留海水、盐水及卤水，为 Cl-Na 型。

天津滨海平原，包括天津市沿海及沧州市黄骅、海兴沿海地区，南部与黄河三角洲平原连接，它们也是华北大平原的组成部分。背依大平原，地势十分低平，几乎全部为咸水区，只有边缘地带有现代冲积物堆积的地区，局部有淡水区块出现。本区第四系沉积层厚为 200~400 m。上部为咸水层组，局部分布有潜水微咸水及淡水层。深层咸淡水界面最大埋藏深度一般在 100~120 m，局部达 200~300 m，以下存在深层淡水。全区范围为三元结构，全区自上而下划分为 4 个含水层组：第一含水层组，底板埋深为 4~25 m，靠近陆区边缘矿化度小于 2 g/L，滨海地区一般为 2~6 g/L，水化学类型以 Cl·HCO$_3$-Na·Mg 型为主；第二含水层组为咸水体，包括盐水及卤水层，底板埋深从陆到海一般为 40~120 m，局部达 200~300 m，为 Cl-Na·Mg 型及 Cl-Na 型水，深层为 Cl·SO$_4$-Na·Mg 型；第三含水层组为深层淡水，一般底板埋深分别为 160~200 m 和 400 m 以上，矿化度小于

1.0 g/L，水化学类型为 HCO$_3$–Na 型及 HCO$_3$·Cl–Mg 型。

3.1.2　古卤水地质调查

　　古卤水既是现代重要的盐卤矿产资源，也是古海洋、古气候、古环境的示踪因子，既反映了原始卤水形成时的古海洋、古气候和古环境的特点，又反映了卤水形成之后沧桑演变的地质规律。因此既有重要的经济价值，也有古环境研究的重要科学价值。

　　我国盐碱地面积非常大，约达 15 亿亩之多，接近 18 亿亩的可耕地规模。盐碱地是古卤水矿藏的地面示踪，由此说明我国古卤水资源分布面积广泛，资源量巨大。下面以柴达木盆地、塔里木盆地和四川盆地为典型代表对古卤水资源地质调查做一简要论述。

3.1.2.1　柴达木盆地

　　柴达木盆地为高原型盆地，属封闭性的巨大山间断陷盆地，是中国四大盆地之一。位于青海省西北部，青藏高原东北部，主要在海西蒙古族藏族自治州。西北抵阿尔金山脉；西南至昆仑山脉；东北有祁连山脉，介于 35°00′—39°20′N、90°16′—99°16′E 之间。盆地略呈三角形，东西长约 800 km，南北宽约 300 km，面积约 24 万 km^2。腹地的柴达木沙漠在中国八大沙漠中位居第五。

　　柴达木盆地不仅是盐的世界（东南部多盐湖沼泽），而且还有丰富的石油、煤，以及多种金属矿藏，如冷湖的石油、鱼卡的煤、锡铁山的铅锌矿等都很有名。所以柴达木盆地有"聚宝盆"的美称。

自然地理特征

　　柴达木盆地深居内陆，察尔汗盐湖地处柴达木盆地腹地，大气候上受西风环流控制，小气候上又得不到气候垂直分带的影响，故气候非常干旱，属干旱大陆性气候。区内地势平坦，地表为海绵状、疙瘩状、刀锋状盐壳，矿区海拔 2 678～2 679 m。察尔汗盐湖位于素有聚宝盆之称的柴达木盆地中东部，东西长 168 km，南北宽 20～40 km，面积 5 856 km^2，海拔 2 680 m。湖内蕴藏氯化钾 5.4 亿 t，氯化镁 40 亿 t，氯化锂 120 万 t，资源量均居全国第一位。盆地侏罗系地层据沉积特征可以分为三大类；即早侏罗世和中侏罗世早、中期温暖潮湿气候条件下的含煤沉积，中侏罗世晚期半干旱环境下的河湖相沉积以及晚侏罗世干旱气候下的河湖相沉积。晚侏罗世时期，由于拉萨地块北移，与在三叠纪末时已经拼接于欧亚大陆上的羌塘地块发生了碰撞，致使中国西部地区山系隆升，早、中侏罗世的盆地格局发生变化，并造成了上侏罗统上部地层的缺失，形成了与白垩系之间的区域性不整合（邓胜徽等，2010）。

地质概况

柴达木盆地地势西南高、东北部低，北面为大面积的丘陵地形，南部为海拔 3 500 m 以上的山区，山势陡峻，沟谷深切，基岩裸露。

山前倾斜平原地势平缓，扇形地发育，海拔 2 700～2 800 m，地面坡降为 10‰左右，自西南向北东倾斜，地表间歇性河流发育，发育了众多活动及固定沙丘。扇前地带地势低平，湖泊发育，沼泽、盐沼、盐壳广泛分布，海拔 2 700 m 左右，地面坡降不足 1‰。在西部、北部及东部为第三系构造隆升区，并发育丘间小盆地，构成大面积的风蚀剥蚀丘陵地形，海拔 2 800～3 000 m，高度起伏小于 200 m。

柴达木盆地内的沉积环境具有常年性、间歇性和干盐湖性，因此次一级沉积环境不尽相同。根据地貌形态、生物分布、沉积作用和沉积物特征的不同，划分为 5 个亚环境，即：冲积扇、冲积平原–三角洲、盐泥坪、盐坪和盐湖五大类型（沈振枢等，1993）。

水文地质概况

盆地内部河流主要分布于南部，根据补给条件可分为降雨、降雪水补给和溢出泉水补给，区域湖泊主要有东西台吉乃尔湖、鸭湖和涩聂湖。区域气候属典型的内陆干旱气候，气候寒冷，冬长夏短，日温差变化悬殊。据邻近的气象站 1981—1989 年观测资料：月最高气温在 7 月，平均气温为 17.34℃，极端最高气温 33.8℃；月最低气温在 1 月，平均气温 11.7℃，极端最低气温-31.4℃。全年日平均气温低于 0℃者有 120 d，自 10 月下旬开始结冻，翌年 3 月开始解冻。区内降水量甚微，平均年降水量仅 30.24 mm，且多集中在 5—9 月；区内蒸发十分强烈，平均年蒸发度为 2 649.6 mm，是年降水量的 88 倍。

南部中高山海拔 4 900～5 000 m，以上为冰川冻土带，地势高亢、气候寒冷、降水较充沛，水交替积极，地下水矿化度小于 0.3 g/L，水化学类型为 HCO$_3$-Ca 或 HCO$_3$-Na 型。海拔 4 900~4 300 m 的冻土区，地下水溶滤作用有所加强，地下水矿化度为 0.3 ~ 0.5 g/L，水化学类型变得复杂，为 HCO$_3$·Cl-Na·Ca 型及 HCO$_3$·Cl·SO$_4$-Na·Ca 型。4 300 m 以下中低山区，大气降水减少，地面蒸发作用渐强。地下水化学类型为 Cl·HCO$_3$·SO$_4$-Na·Ca 型，矿化度由 0.5 g/L 增大到 0.7 g/L 左右（谢学光等，2010）。

山前地下水除继承了山区地下水的特征外，经历长时间的渗透溶滤，尤其通过局部含盐地层，地下水中的盐分积累增多，水化学类型由 Cl·HCO$_3$-Na 型转变为 Cl·SO$_4$-Na 型，矿化度进而达到 1 g/L。随着地下水径流条件变差，加之地下水埋深减小，盐渍化作用加强，地下水受到蒸发，致使地下水中盐分总量在短距离内急速增高，由 1.0 g/L 增至 10 g/L 甚至 50 g/L，由淡水变为咸水乃至卤水。在低洼地带有石膏、芒硝等盐类析出。

冲湖积平原区，地下水交替更加迟缓，埋深更浅、蒸发作用更加强烈，地下水类型变为简单的 Cl-Na 型，矿化度由 50 g/L 增至 100 g/L，最高可达 340 g/L，普遍析出石盐，故在冲湖积平原前缘及湖积平原表面形成盐壳，最终出现盐湖干盐滩，晶间卤水化学类型为 Cl-Mg·Na 型，它改变了地下水在区域上的水平分带规律，引起了地下水化学以河为轴的变化特征。

丘陵及台地间低洼处，存在局部高矿化 Cl-Na 型。据石油局钻孔资料，深部碎屑岩类裂隙孔隙高压油田水，地下水矿化程度因地貌部位而异，一般在 80~150 g/L，均属 Cl-Na 型。

南里滩凹地内地下水基本处在一个封闭的环境中，含水层呈水平层状分布，水位标高总体上呈东北高、西南低的趋势，但区内自然水力坡度较小（最大水力坡度 5‰），含水层中普遍含有粉砂、芒硝、淤泥乃至黏土，加之石盐层本身较致密，故地下水的流动很缓慢，基本处于停滞状态。

3.1.2.2　塔里木盆地

塔里木盆地位于新疆维吾尔自治区南部，地处天山和昆仑山、阿尔金山之间，东西长 1 500 km，南北宽约 600 km，面积达 53 万 km^2，是中国面积最大的内陆盆地。盆地地势西高东低，中部是著名的塔克拉玛干沙漠，东部有亚洲"干极"罗布泊，盆地边缘为山麓、戈壁和绿洲。

塔里木盆地是个聚宝盆，含有丰富的盐矿、石油、天然气、玉石等矿产资源。盆地地貌呈环状分布，边缘是与山地连接的砾石戈壁，中心是辽阔的沙漠，边缘和沙漠间是冲积扇和冲积平原，并有绿洲分布。塔里木河以南是塔克拉玛干沙漠，是中国最大的沙漠，也是位居世界第二位的流动沙漠。

自然地理特征

根据盆地周边山体的隆升年代以及塔里木盆地的内部沉积地层，认为新生代以来地壳运动造成天山和青藏高原的逐步隆升，形成一个古老海盆。后来随着印度板块向北俯冲，青藏高原向北扩展隆升和天山山脉崛起，海水逐渐退出，在帕米尔和西天山阿赖谷地形成狭长的水道，尽管具体海水完全退出的时间尚有争论，但海水从东向西的撤退过程已成共识，此时盆地西高东低，中新世以来塔里木盆地周边山脉的强烈隆升造成盆地内部差异性沉降，上新世早期在盆里东部存在众多湖泊群，直到第四纪早期罗布泊洼地形成，塔里木盆地现今东低西高的地貌格局才形成。

在塔里木盆地的东部，新疆巴音郭楞蒙古自治州若羌县境内的罗布泊干盐湖区域，存在迄今为止发现的超大型的含钾卤水矿床，根据其地理地貌特征，可将罗布泊干盐湖划分为罗北区、罗中区、东台地、西台地、罗东区、新湖东、新湖区和老湖区共8个区段。罗北区段位于罗布泊干盐湖的北部，是罗布泊干盐湖中盐类沉积发育良好、沉积厚度最大的次盆地。罗北区段钾肥资源条件较好，进行的地质工作最多。勘查表明，罗北区属内陆盐湖钾肥矿床，是一个以液相矿为主、固液并存，并以钾、钠、镁盐等为主的大型矿床，同时伴生有可综合回收的锂、硼等稀有元素。

盐湖北部以库鲁克塔格山山前洪积扇为界，南至阿尔金山，东至北山，西边为库鲁克沙漠。盐湖南北长115 km，东西宽90 km，面积10 350 km^2，是世界上最大的干盐湖之一。盐湖区属典型大陆性干旱气候，年降雨量38.5 mm，年蒸发量达4 696.9 mm，是强烈的蒸发区；年平均气温12.4℃，最高气温44.3℃，平均湿度35.7%；罗布泊盐湖卤水属硫酸镁亚型卤水，赋存有钾、镁、钠、硫酸盐等成分，其品位超过工业品位，具有单独开采的价值，而其他伴生的锂、硼等稀有金属通过卤水蒸发和老卤循环富集亦可达到综合回收的目的，经济开发潜能巨大。

地质概况

塔里木盆地是一个典型的长期演化的大型复合盆地。它发育在太古代—早中元古代的结晶基底与变质褶皱基底之上，震旦系构成了盆地的第一套沉积盖层。在震旦纪—第四纪，塔里木盆地经历了复杂的构造演化历史。

塔里木盆地属于大型封闭性山间盆地，地质构造上是周围被许多深大断裂所限制的稳定地块。地块基底为古老结晶岩，基底上有厚约千米的古生代和元古代沉积覆盖层，上有较薄的中生代和新生代沉积层，第四纪沉积物的面积很大。拗陷内有巨厚的中生代和新生代陆相沉积，最大厚度达万米，是良好的含水层。盆地呈不规则菱形，四周为高山围绕。盆地地势西高东低，微向北倾。旧罗布泊湖面高程 780 m，盆地最低点塔里木河位置偏于盆地北缘，水向东流。

罗布泊盐湖卤水属硫酸镁亚型卤水，赋存有钾、镁、钠、硫酸盐等成分。在纵向上由南向北含盐系厚度变厚，向南变化快，向北变化慢，在横向上自西向东，含盐系厚度变厚。液体矿以钾并伴生有钠、镁为主等综合矿产，富钾卤水主要赋存于盐类矿物的晶间，主要为晶间卤水，少量赋存于粉砂和细砂中。

水文地质概况

塔里木盆地储卤层均由结晶较好盐类矿物组成，孔隙发育，一般上部储卤层的孔隙度和给水度较大，往下逐渐减小。储卤层呈层状，分布稳定，主要由钙芒硝层组成，部分为石盐层和石膏层。根据岩性及卤水的赋存条件可将晶间卤水自上而下划分为 1 层潜卤水层和 6 层承压卤水层。

根据第四系沉积物岩性和水文地质特征，通过钻孔施工揭露和地面水文地质调查，潜水含水层为第四系全新统含水层组，为松散岩类孔隙水，含水层岩性为细砂、粉砂及粉土。含水层厚度 50~96 m，不同地貌水位埋深变化较大，南部河床及河漫滩一带埋深 1~3 m，中部固定-半固定沙丘地带埋深 3~5 m，北部冲积平原埋深大于 5 m，局部水位大于 7 m，自南向北水位埋深加大。含水层富水性以中等为主。水样总硬度变化范围为 369.9~4 297.6 mg/L，均值为 1 293.1 mg/L，均属于硬水，水质总体硬度偏高；水样 pH 值变化范围为 7.3~10.0，均值为 8.1，潜水呈弱碱性。

金墩镇河流冲积平原地下水化学类型以 $SO_4 \cdot Cl-Na$ 型及 $SO_4 \cdot Cl-Na \cdot Ca$ 型为主，并见有 $SO_4 \cdot Cl-Na \cdot Mg \cdot Ca$ 型和 $Cl \cdot SO_4-Na \cdot Ca$ 型，矿化度 15 g/L。中部固定-半固定沙丘下地下以 $SO_4 \cdot Cl-Na$ 型为主，向西至四十四团青年连河流冲积平原带为 $SO_4 \cdot Cl-Na \cdot Mg$ 型；南部河床及河漫滩以 $SO_4 \cdot Cl-Na \cdot Ca$ 型为主。研究区总体以 $SO_4 \cdot Cl-Na$、$Cl \cdot SO_4-Na \cdot Ca$ 及 $SO_4 \cdot Cl-Na \cdot Mg$ 型为主，且表现为南北两侧水化学类型为 $SO_4 \cdot Cl$ 型，中部沙丘地貌地区水化学类型表现为 $Cl \cdot SO_4$ 型。地下水矿化度呈现南北低，中间高的分布特征，Cl^-、Na^+、Mg^{2+} 是研究区 TDS 的主导因素。地下水水化学类型以 $SO_4 \cdot Cl$ 型和 $Cl \cdot SO_4$ 型为主，顺着地下水流方向，水化学类型逐渐由 $SO_4 \cdot Cl$ 型演化为 $Cl \cdot SO_4$ 型。

3.1.2.3 四川盆地

四川盆地，又称为信封盆地、紫色盆地、红色盆地，是中国四大盆地之一，囊括四川省中东部和重庆大部，位于长江上游，海拔 500 m 左右。它由联结的山脉环绕而成，位于亚洲大陆中南部，中国腹心地带和中国大西部东缘中段。总面积超过 26 万 km^2，可明显分为边缘山地和盆地底部两大部分。边缘山地区从下而上一般具有 2~5 个垂直自然分带。四川盆地底部分为川东平行岭谷、川中丘陵和川西成都平原 3 部分。

自然地理

四川盆地在整个早、中三叠世经历了多次海侵和海退，在湖相蓄水盆地中的沉积物包含着一定数量的海水，可以认为是该沉积层中的原生沉积水，是四川盆地卤水的最初来源，中三叠世末，整个四川盆地几乎露出海面，沉积层中的原生卤水与古淋滤水发生混合。

四川盆地属于中亚热带湿润气候区，又兼有海洋性气候特征；由于地形闭塞，北部秦岭阻挡冷空气，冬季气温高于同纬度其他地区。盆地气温东南高西北低，盆底高边缘低；各地年均温度 16~18℃。10℃以上活动积温 4 500~6 000℃，持续期 8~9 个月，属中亚热带。东南部的长江河谷积温超过 6 000℃，相当于中国南岭以南的南亚热带气候。盆地气温东高西低，南高北低，盆底高而边缘低，等温线分布呈现同心圆状。盆地边缘山地气温具有垂直分布的特点。

地质概况

在川西地区，富钾卤水储层主要为雷口坡组上部的雷四段。从雷三段开始，海水快速侵进是川西平落坝构造及邻区主要的成滩期，因而有礁滩型储层发育。雷四 1 期，海水浓缩，是主要的成盐期。成滩期藻、礁、鲕和生物介屑滩体发育，成盐期有盐下和盐内储层发育，而且是卤水形成的主要时期。

雷四段为大套灰白色石膏层夹褐灰色藻屑云岩或藻屑灰岩、泥质、膏质云岩及浅灰色杂卤石和钙芒硝。主要由石膏、硬石膏、变水石膏组成，含少量石盐及盐类矿物、白云石、黏土、有机质、铁的化合物等。膏盐储层又分为盐内和盐下储层两类。雷四段在平落坝平落 4 井、平落 20 井产有高矿化度的富钾卤水。雷四段还可细分为盐内储层和盐下储层两段。

水文地质概况

四川盆地地下水分布受到盆地构造格局控制，在区域统一构造应力场作用下，盆地不同地区构造作用强度差异，遭受剥蚀程度不同，地下水也存在着地域差异。按照对四川盆地三叠系含水层的水文地质条件分析，将其分成 6 个区，分别是川西低隆构造区、川北宽缓背斜构造区、川中低平构造区、川西南低缓背斜构造区、川南古隆起构造区、川东高陡背斜构造区。

不同地区盐卤水离子组成以及矿化度有所不同。研究区盐卤水矿化度值变化较大，从数十克每升到 300 g/L 不等，其中川中的矿化度均值最高，可达 155 g/L；川北和川西次之；川南和川东地区的矿化度均值较低，仅在 50 g/L 左右。阴离子方面，各区 Cl^- 含量变化较大，川中地区最高，均值可达 90 g/L 以上；川南和川东地区含量较低，均值仅为 30 g/L 左右。SO_4^{2-} 含量各区均值为 0.6~2.5 g/L 不等，川西与川中硫酸根含量最低，川东与川南 SO_4^{2-} 含量较高。HCO_3^- 含量普遍不高，多小于 0.5 g/L，各区差别不大。阳离子方面，Na^+ 离子含量变化较大，各区均值为 16~42 g/L 不等，其中川西、川中、川西南区 Na^+ 含量较高。各区 K^+ 含量不高，均值为 0.2~3.5 g/L，整体变化幅度不大，其中川西地区最高。Ca^{2+} 含量均值为 1.7~10 g/L 不等，川北 Ca^{2+} 含量最高；其次是川中；川南和川东含量较低。Mg^{2+}

含量较低，各区均值含量为 0.3~2.2 g/L 不等，川北地区最高。

3.2 地下盐卤资源地球物理勘探

查明区域地层结构和地质构造特征，圈定卤水富集区域，确定宜井孔位，是地下盐卤资源勘查的核心任务。"物探先行、钻探验证、测井跟进、综合研究"，这种模式具有良好的探查地下盐卤资源的效果，并能够进一步指导卤水资源的有效开发与利用。

3.2.1 地球物理探测

地球物理探测是地质勘探工作中的重要方法之一。它是利用物理学的原理和方法，观测地球内部各种物理场的分布特征及其变化规律。它通过研究地壳中岩石、矿石的物性特征（如弹性、电性、磁性、密度、放射性等）不同，得到地球物理场在不同位置上的变化特征，被称为地球物理异常。利用地球物理异常来预测地下地质构造和岩性特征，是寻找金属矿产和非金属矿产的重要勘察手段。

自 20 世纪 80 年代以来，各种地球物理手段被广泛应用到地下卤水勘察工作。卤水矿藏探测工作往往需要因地制宜，不同地球物理方法适用于不同的储卤环境。例如，大地电磁法能够克服地面环境干扰，在地表环境含水率较高或地下介质电性差异不明显时，仍能够基于含卤水矿层和盐岩层电性差异寻找深部的卤水矿层，并实现地下卤水分布以及富水性规律总结；低频雷达以及地震勘探适用于浅部地层结构、断裂构造以及含卤矿层识别，能够快速、高效探测、寻找浅部卤水富集区。在实际找卤工作中，往往会采用多种地球物理方法的结合以实现更准确的卤水矿藏定位。

3.2.1.1 大地电磁法

大地电磁测深方法探测地下盐卤资源是一种间接找矿的方法，它是以探测卤水层与周围岩矿石（盖层和基岩）电学性质的差异为基础，通过观测和研究电磁波在地下传播的规律，进而实现对地下电性层、断裂带等地下电性结构进行划分的一种地球物理勘探方法，其调查设备如图 3.1 所示。

由于地下盐卤储层和其盖层以及围岩电性具有较大差异，特别是在矿化度很高的卤水区域则具有更低的电阻率。同时，大地电磁测深方法对发

图 3.1　大地电磁系统

现地下低阻体的反应非常灵敏，因此对探测卤水富集位置、断层和局部小构造都具有良好的效果，在地电断面上可以清楚显示地下电性起伏特征，如断层、向斜、单斜、褶皱等局部构造。因此，可以利用大地电磁测深方法所探测到的地电断面特征与当地卤水有利地层相结合，推断出卤水富集区及其大致边界。在做最终的解释工作时，必须结合地质、地球化学以及水文地质等相关资料开展，以得到更加可靠的效果。需要注意，将其用于研究卤水的分布和储藏规律，是一种新型的领域，有很多不可知性。

应用实例：岳云宝（2013）使用大地电磁（MT）和音频大地电磁（AMT）测量方法，实现了川中地区富钾盐卤资源分布区域的划分（图 3.2）。

音频大地电磁测量频率范围为 10 000~0.1 Hz，根据调查区域的岩石物性特征和地层分布情况，推算其勘察深度约为 2.5 km 左右。大地电磁测量频率范围为 320~0.001 Hz，可以探测到地下十几千米甚至几十千米的深度，根据试验区的岩石物性特征和地层分布情况，结合任务要求，本次大地电磁勘探主要研究试验区以内的电性特征，研究较深部电性特征，并结合研究区内地质、地球化学特征，做进一步的地球物理解释。

结合在测线音频大地电磁勘探成果图和大地电磁勘探成果（图 3.3），推断研究区地表构造相对简单，地层横向分布比较稳定，连续性较好，从地表出露的侏罗系上沙溪庙组到目的层三叠系雷口坡组和嘉陵组的深度在 3 000~4 500 m，与野外地表地质剖面、地震剖面和钻井资料等各种认识都

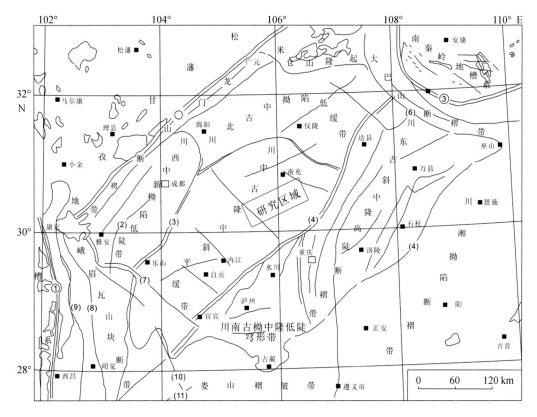

图 3.2　川中盆地构造分布及研究区域位置

资料来源：岳云宝，2013

比较吻合，证实了本次大地电磁反演的可靠性。

从大地电磁测深（MT）二维成果图中可以看出，其电性分层和音频大地电磁测深（AMT）结果基本一致、其浅部的分辨率较后者要低，但其探测深度大，对深部电性结构反映良好。结合 M24 钻井资料与反演成果（图3.3）可知，本测区主要分布 6 个电性层，各电性层连续，从上部到下部依次为遂宁组、沙溪庙组、珍珠冲组到新田沟组、须家河组、雷口坡组、嘉陵江组及飞仙关组。在电性剖面图上，对应在 3 000～3 100 m，表现为低阻，由于嘉陵江雷口坡是碳酸盐岩型沉积，岩性上为白云岩、石膏与白云岩互层，电阻率约为 14 000 $\Omega \cdot m$，在电性上本属高阻，所以在该区域内出现的低阻区域可能为卤水层，这与 M24 测井资料吻合。通过分析 M24 井等测井资料，在同样的嘉二段是含水气层，在电性剖面上，均表现为低阻，推断在此层位可能含卤水。

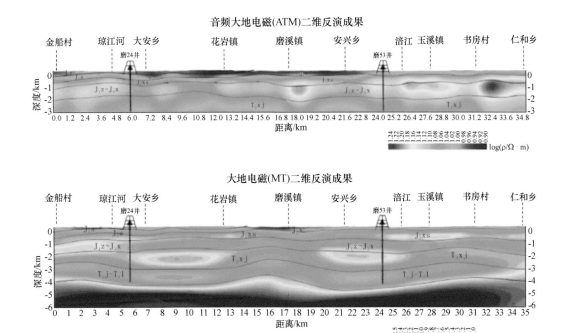

图 3.3　音频大地电磁（AMT）和大地电磁（MT）测量勘测成果

资料来源：岳云宝，2013

3.2.1.2　地震法

地震勘探是利用人工机械震源激发地震波，向地下深部传播的地震波遇到地下介质的密度差异面（地质界面或地层界面）时发生反射、透射和折射等物理过程，在地表或井中的若干位置布置检波器，配合地震仪采集来自地下密度界面的地震波信号，然后处理、分析和研究相关记录，并结合特定地区的地质资料就可以获得该工作区的地下地质信息。其设备图如图 3.4 所示。

它的主要优势在于获得深部地层信息，故将地震方法运用于寻找深部地层的盐卤矿藏资源中，把盐卤储层作为一种特殊的含流体沉积储层，在储层特征研究中应充分发挥地震勘探及地球物理方法的优势和作用，达到寻找盐卤资源的目的。

应用实例：江陵盐盆在石油勘探中陆续发现了多处富钾卤水，卤水层的地下赋存状态与油气储集方式类似，表现为在具有储集空间的岩层聚集，杨飞等利用地震勘探实现了对卤水层分布的追踪与研究（杨飞等，

图 3.4　地震仪

2011)。

　　依据钻井资料得到卤水层的具体位置，沙盐 2 井钻井揭示，在井深 2 646.5~2 648 m 砂岩产出卤水，该层紧靠沙二段底部（2 670 m），利用沙盐 2 井合成地震记录进行层位标定（Es^2），即可建立地震资料与钻井资料的联系，并将卤水层标定在地震剖面上。

　　由于该卤水层距离沙二段底仅 20 m 左右，而 Es^2 在地震剖面上标定于强轴波峰上，因此卤水层则落在强轴波谷上，对卤水层的追踪可通过对沙二段的追踪来实现（图 3.5）。

　　由于泥岩与含卤砂岩之间存在明显的波阻抗差，而地震资料主要反映了地下地质体的波阻抗特征，因此通过波阻抗反演便可实现含卤砂层的识别追踪。通过对沙二段含卤砂层的岩石地球物理分析，含卤砂层具有较高的波阻抗值，本段泥岩具有较低的波阻抗值，即卤水层与泥岩隔层具有明显的波阻抗差异。结合岩石物理交会结果（图 3.6），可将波阻抗值大于 1.1×10^{-7} kg/（$m^2\cdot s$）的定义为含卤砂岩，并圈定其分布范围。

3.2.1.3　核磁共振法

　　利用地面核磁共振技术找水，就是利用水中氢核（质子）的弛豫特性差异，在地面上开展核磁共振探测，观测研究在地层中水质子产生的核磁共振信号的变化规律，进而探测地下水的存在性及时空赋存特征。核磁共振信号强弱或衰减快慢的幅值与所探测空间内自由水含量成正比。通过定量解释，可以确定出含水层的深度、厚度、单位体积含水量、渗透率、平均孔隙度的信息，从而构成了一种直接探测地下水信息的技术方法，其探

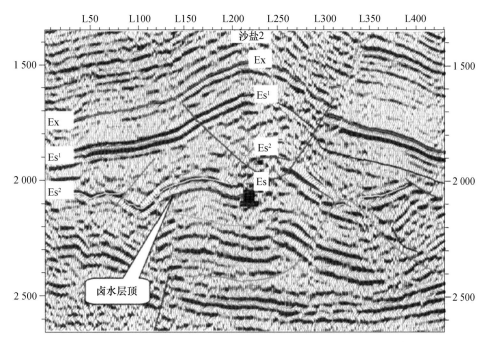

图 3.5　沙盐 2 井地震剖面

资料来源：杨飞等，2011

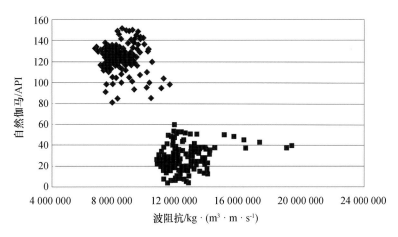

图 3.6　沙盐 2 井（2 500～2 670 m）测井交会

资料来源：杨飞等，2011

测设备如图 3.7 所示。在卤水资源调查与勘探工作中，该方法通常应用于拟定卤水含水层中卤水含量的勘察与卤水富集区域的划分，实现卤水含水层富水性的综合判断。

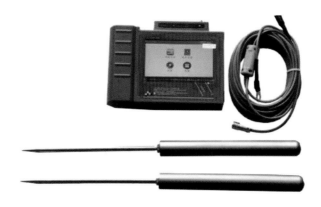

图 3.7　核磁共振法测量仪

应用实例：杨修猛等（2018）利用核磁共振法实现了昆特依干盐湖卤水富集区域的调查与划分（图 3.8）。

在场地内共布设 36 处核磁共振测点，以位于沉积盆地中心的核磁共振测点为例，图 3.9（a）中为该点的测深曲线，信号振幅的高值异常充分表明地下水分子中的氢核已经激发产生了核磁共振的信号，只是反映了地下含水量的大小。图 3.9（a）表明，该测点位置的初始振幅峰值最大为 106 nV，为主要含水层中心，含水层厚度中等。图 3.9（b）为一维反演成果图，该图反应自由感应衰减信号 FID，弛豫时间 T_2^*，核磁共振（NMR）频率和相位随深度的变化。其中，FID 信号指示了地下岩层渗透系数的大小，FID 信号越大，含水层渗透系数越大，反之越小。图 3.9（c）显示了 2~15 m 之间的岩层渗透性明显比其他岩层更大。T_2^* 的大小能够反映地下含水层的松散属性，平均孔隙度越大，T_2^* 越大。图 3.9（c）显示，0~72 m 之间的岩层岩体颗粒较粗，孔隙较大。NMR 信号频率随深度的变化显示每层深度的 NMR 信号信噪比，稳定的信号频率显示高信噪比，在地下 130 m 之内，频率十分稳定，这表明该点本次测量的理论可靠探测深度为 130 m。NMR 信号的初始相位是天线中激发的电流与测量到的衰减电压之间的相位差，受电阻率变化的影响较大，能够反映地下介质的导电性，其特点就是随着地下介质导电性增强，相位差数值由小变大，当地下介质不导电时，相位差数值为 0。该测点地下存在 3 个低电阻率层位，由于区域内地下主要为含盐类矿物岩层，电阻率较高，只有当岩层中赋存卤水时，岩层的导电性增强，变现为低电阻率，因此可以推测该点地下 3 个低电阻率层位

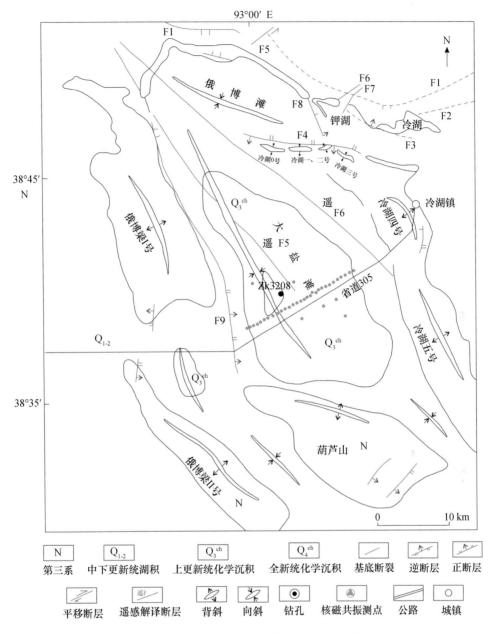

图 3.8　昆特依干盐湖区域构造及测点位置

资料来源：杨修猛等，2018

为地下含卤层。图 3.9（b）为单位体积含水量分布图，该图可以得到测点不同深度的含水量以及束缚水、自由水组成。自由水的自由移动特性越好，其 T_2^* 值就越大，通常自由水的 T_2^* 变化范围在 30～1 000 ms，而束缚水的

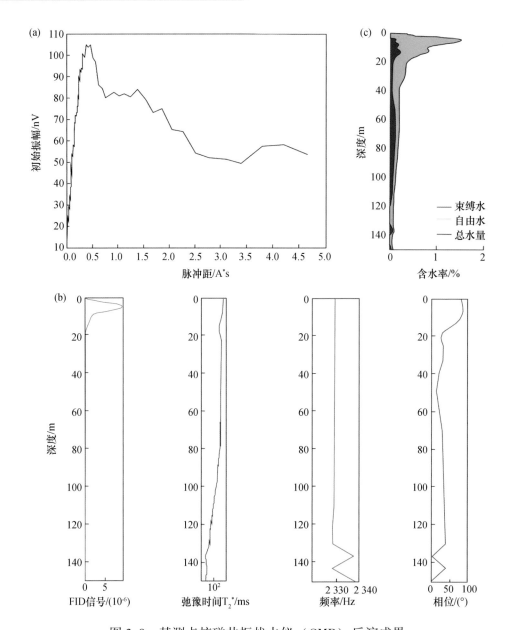

图 3.9　某测点核磁共振找水仪（GMR）反演成果

（a）初始振幅测深曲线；（b）一维反演成果；（c）单位体积含水率分布

资料来源：杨修猛等，2018

T_2^* 则小于 30 ms。根据图 3.9（b）可以得出，该点地下范围内大致存在 3 个含水层：2~18 m 之间的含水率为 0.5%~1.5%；22~35 m 之间的含水率为 0.3%~0.4%；42~75 m 含水率为 0.2% 左右。

综上所述，据此可建立该测点的地下含卤层的结构模型。计算得到各个测点位置的各卤水层的含水率之和，以便能够评估整个场地地下卤水赋存情况，并划定卤水富集区域（图 3.10）。

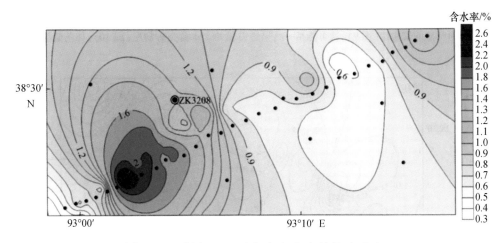

图 3.10　研究区地下卤水含水率等值线分布

资料来源：杨修猛等，2018

3.2.1.4　自然电位法

在自然条件下，地面两点间通常能够观测到一定大小的电位差，表明地下存在着天然电流场，简称自然电场，自然电位法测量仪器及其电极见图 3.11。

图 3.11　测量仪与不极化电极

实践研究表明，这种场主要由电子导体的天然电化学作用和地下水中电离子的过滤与扩散作用等因素所形成。自然电位法便是通过观测和研究自然电场的分布以解决地质、矿产勘察问题的一种物探方法，其观测方法有3种，即电位测量法、电位梯度测量以及追索等电位线法。由于无须供电，所使用的仪器、设备也较为轻便，因此其工作效率较高，在国内和国外被广泛使用。

应用实例：焦鹏程等（2005）利用自然电位法展开调查，查清了塔里木盆地罗布泊矿床（罗北地区）地下卤水分布情况。共布设自然电位法测量剖面4条，其中3条呈SN向分布，1条为EW向，测线总长度24.5 km。可以得到的基本规律是：干盐滩区电位呈负异常，而山前冲洪积平原区和雅丹区则主要对应电位正异常（图3.12）。干盐湖区的自然电位呈现出宽缓平滑的特点，说明此异常与近地表岩层的电阻率大小变化无关，而反映了地下卤水的赋存条件；山前洪积区主要出现正异常，局部的负异常峰值可能与发育于山前断裂有关，是断裂带富水或水流动活跃的反映。理论上讲，仅在现场测量电位差很难准确获得地下水流量（富水性）的信息，但在罗布泊盐湖的应用实践中，自然电位负异常能定性地指示地下卤水的分布特征。

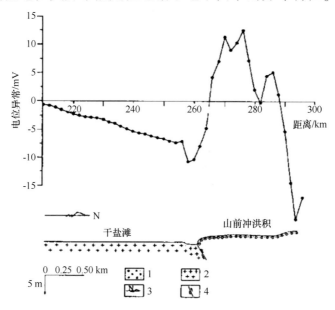

图3.12　罗北凹地自电异常对照剖面

1. 砂砾；2. 盐壳；3. 测线方位；4. 推测逆断层

资料来源：焦鹏程等，2005

在塔里木盆地的铁南凹地自电测量剖面从南到北共 7 条，测线总长 63.5 km，剖面展布为 EW 向，测线间距 4 km，测点距 100 m，由异常的平面分布图（图 3.13）可见，铁南凹地附近存在一条 NS 走向的自电负异常带，已控制负异常带南北长约 24 km，东西宽约 3 km，最宽处（03 线）达 4 km，面积约 100 km²，异常带内异常幅值最高为 30 mV，一般 15~20 mV。

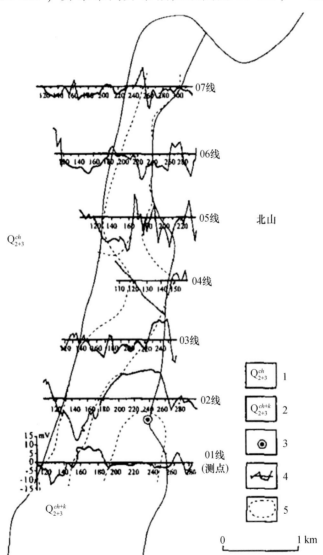

图 3.13　铁南凹地自电测量剖面与卤水富集区

1. 中上更新统化学沉积；2. 全新统含钾化学沉积；3. 钻孔；4. 自电测量剖面；

5. 推测卤水富集区

资料来源：焦鹏程等，2005

异常带内绝大多数负异常位于干盐湖区。如前所述，负异常与含盐地层关系密切，并认为是盐壳下卤水层的反映。异常带内局部负异常高值区，应是具有更高矿化度卤水的富集地或对应于卤水的富集区。

通过综合分析地表自电异常和异常带内浅钻孔揭示的地质、水文地质资料后推断，铁南凹地自电负异常带（4 km×24 km）是由地下卤水引起的，其中02线至04线上的高强度负异常，说明此地是最具规模、高品位 KCl 的卤水富集区。该异常带向南、向北尚未封闭，反映出卤水层向南北延伸，且由南部异常幅度高、宽度大，故推测该区及其以南富水性更强。

3.2.1.5 高密度电阻率法

高密度电阻率法是以地壳中岩石和矿石的导电性差异为物理基础，通过观测和研究人工建立的地中电流场的分布规律进行找矿和解决地质问题的一种物探方法（图3.14）。

图 3.14　电法仪

在地下卤水勘探过程中，发现岩石的电阻率与岩石的矿物成分、结构、孔隙度、含水量及地下水的矿化度有关，通过测量岩石的电阻率值可分析推断地质体的水文地质特征，从而划定卤水赋存区域。这种方法一次布线可测得多个点和多个深度的电阻率值，其特殊的测量方式可以防止因电极移动引起的故障和干扰，成本相对较低，工作效率高，取得的数据量比较丰富，解释相对方便。

应用实例：渤海湾盆地南部，莱州湾南岸地下卤水发育，该区域沿海液体矿藏广泛分布。使用高密度电阻率测量方法，以实现对该区域内地下盐卤资源分布区域的划分。图 3.15 为研究区位置及高密度电阻率法测线布设情况，电阻率剖面总长度为 250 m，为提高测量数据的分辨率，测量极距设定为 2.5 m，恒压 12 V 供电，供电电流为 0.5 A，供电时间为 1 s。根据该区域钻孔资料显示（图 3.16），第二层卤水的底界约在 35 m 以浅，因此高密度电阻率法的探测深度设置在 35 m 左右。

图 3.15　莱州湾滨海卤水赋存区及高密度电阻率测线 A–B

　　为了利用电阻率剖面划分卤水赋存区域，需要确定有卤水赋存沉积物的电阻率值。阿尔奇公式能够建立孔隙水电阻率与探测电阻率的关系，将

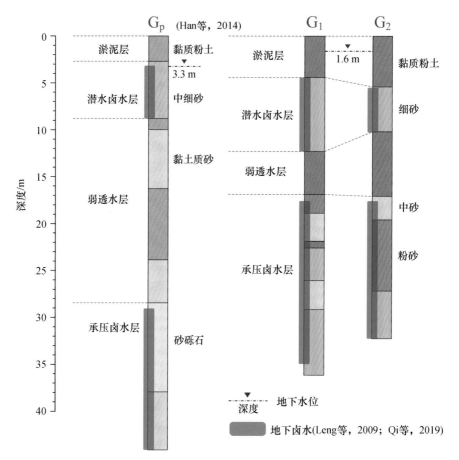

图 3.16　钻孔资料以及卤水赋存深度

资料来源：冷莹莹等，2009；Qi et al.，2019

采集到的地下卤水电阻率，孔隙度以及岩电参数代入阿尔奇公式便可得到有卤水赋存沉积物的探测电阻率，依此便可实现在电阻率剖面上卤水赋存区域的划分。

图 3.17 为莱州湾南岸下营镇潮间带的高密度电阻率测量结果。依据研究区附近的钻孔资料可知，在 16 m 以深区域有深层地下卤水分布，依据实测卤水电阻率结合阿尔奇公式，计算得到卤水赋存区域的电阻率约为 $0.6\ \Omega \cdot m$，基于此在电阻率剖面中，将分布于 16 m 以深且电阻率小于 $0.6\ \Omega \cdot m$ 的区域划分深层卤水赋存区。

3.2.1.6　遥感技术方法

卫星遥感技术应用于地理环境与地质矿产资源的调查研究已有成功经

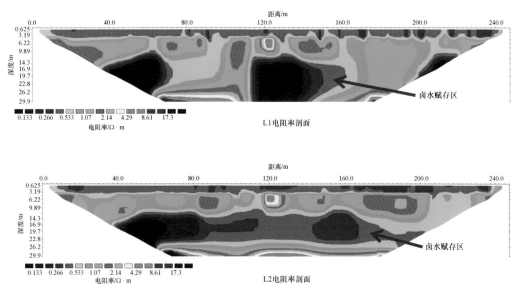

图 3.17　高密度电阻率测量剖面

验。其基本思想是：从宏观角度查明地貌环境，研究浅层地下卤水的光谱效应及标志，初步圈定可能的地下卤水分布范围，缩小普查地域，提高工作效率和经济效益。

　　在潮滩湿地与盐碱荒滩等区域，往往存在地下卤水分布。地下水位埋藏浅及矿化度高，其成土时间短，土壤发育不充分且生态系统具有鲜明的特点。湿地的辐射温度较之与其毗连干旱地或湿度较小的地物有差异。当地面地物之间温差大于扫描系统的热分辨值时，不论大气衰减影响多大，只要它们能够充满成像系统的瞬时视场，在具有相同的衰减值时，相对温差依然存在。因此，在卫星的热红外图像中就能解译出一些地物信息。但若想圈定地下卤水远景分布区，必须将信息解译与实地调查相结合，才能取得良好的效果。

　　应用实例：刘宝银和孟广兰（1990）采用遥感技术方法，结合研究区内主要地物光谱特征，实现了对南堡滨岸区及周边地下卤水平面分布的调查。

　　为了将遥感信息与地物信息对应，首先需要确定研究区地物信息的光谱特征。色调暗且为饱和湿度的地物的反射率较低，而细粉砂与表层呈白色的盐碱色调偏淡，其反射率相对偏高（图 3.18）。蓝色植被的光谱反射率具有十分明显的特征，并随波长而变化。滨海滩地植被的光谱反射率曲线在可见光波段内，各种色素是支配植物光谱特征相应的主要因素；在近红外波段，由于绿色叶子很少吸收该波段内的辐射能量，因此反射率明显上升。芦苇、碱蒿与盐蓬等植被生长在滩面上，它们所处地区的反射率要小于裸露滩面的反射率，而在近红外波段，植物要比裸露滩面有较高的反射率。

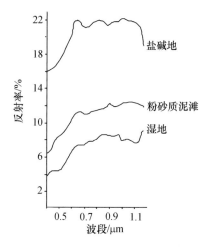

图 3.18　研究区光谱反射曲线

资料来源：刘宝银和孟广兰，1990

　　研究区处于北半球干旱带内，潮间浅滩非常发育。而且该区域经历了多次海侵与海退发育了多个海相沉积层，为地下卤水形成提供了地质地貌基础。因此，上述环境成因必然是解译遥感信息的主要因素。

　　在旱季时，几乎无外来水源，一些地段被干枯的、稀疏的耐盐植物覆盖，地表蒸发量大，地下高浓度咸水通过毛细孔向上输送，引起地表土壤的盐碱化。基于此，我们认为盐碱地的分布区域即为地下卤水的水平分布区域。对遥感数据进行解译时，依据可见光波段影像中的盐渍化线状行迹，便可实现地下卤水的水平分布区域的划分（图 3.19）。

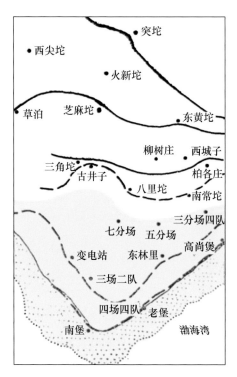

图 3.19　南堡滨岸地下卤水分布远景区（阴影）

资料来源：刘宝银和孟广兰，1990

3.3　地下盐卤资源钻探勘查

在前期地球物理勘探发现地下卤水矿藏存在的可能性之后，为了验证物探结果和求取卤水层定量数据，必须进行水文地质钻探。在预测与普查阶段，采取探查性水文地质钻探，投入少量工作量，达到采取沉积物样品及水样，提供室内分析并开展单井抽水试验，查明含水层赋水性等要求。

3.3.1　水文地质钻探

考虑到地下卤水为层状矿床面状分布的特点，在每一个可能的富集块段据其分布面积布设 1~2 个钻孔，基本构成全区范围控制剖面。分布区面积比较大，可安排两条以上剖面，分布面积小，安排 1~2 条剖面，达到普查目标即可。

基于探查目的，尤其是在缺乏地质资料的工作区，全部探孔以地质孔为主，辅以少数水文孔。要求钻探深度必须穿透矿体，在薄层第四系沉积区，应打穿全部松散沉积层。每口井均需采集岩芯样品，岩芯采取率砂层应大于50%，黏土层一般可达到80%以上。沉积层的地质描述应尽可能详尽，不仅满足勘探要求，亦将为岩相研究提供基础资料。单井抽水试验按一般第四纪水文地质钻探规范要求分层进行，每分层采取地下水样品5 000 mL。为了进行物探与井探结果对比分析，除利用前期地面电测深资料外，应要求对每口探井做电测井工作，更将有利于地质孔含水层划分。

3.3.2 地质地球物理测井

利用钻井对深层卤水钻探后，如何快速、经济、准确地评价卤水层的位置、卤水层的品质（矿化度、有用元素含量）是下一步进行试水的关键，也是卤水资源勘探开发的基础。

地质地球物理测井是在勘探和开发煤、石油、天然气、钾盐以及金属矿产等地下矿藏的过程中，通过在井下放置利用各种专门仪器，沿井身测量井剖面上岩层的物性参数如密度、声波时差、自然伽马值、电阻率等参数随井深的变化曲线，然后对参数变化进行综合分析解释来判断岩性和地下构造情况。该方法作为获取地层信息的最直接的地质地球物理方法之一，其主要用于划分岩性、确定产层的深度以及厚度，估算岩层的储集能力以及地层产状和地层压力等。但测井方法只是片面地分析地下岩层岩性，不能全面准确地认识地下区域范围内的地质构造，这就要求多种测井方法联合解释并结合地质以及其他物探方法来进行综合评价地下地质特征，寻找储卤层的有利地区，服务于后期储卤层的勘探开发。

利用测井资料，借用石油相关的测井评价方法，能够判定卤水层的位置、厚度、物性，进而能推算卤水层产能（黄华等，2013）。但是对于深层卤水层，尤其是高矿化度的卤水层品位的确定，一直是一个难点，导致在深井卤水勘探开发中，需要先进行逐层试水，在开展室内品位测试后，再决定对哪一层采卤。

3.4 地下盐卤资源调查勘探工作过程

任何一种物探的方法在复杂的地质条件下都具有局限性和多解性，利用地球物理探测发方法寻找地下盐卤资源，虽然是资源勘探的前提条件和经济有效的手段，但仅凭此结果得出结论，仍有一定的误差和局限性，尤其是在判定卤水与非卤水之间的接线时，仍然需要水文地质钻探和地球物理测井相结合的工作方式，因此本节着重描述地下盐卤资源勘探的工作过程。

3.4.1 水文地质钻探工作过程

水文地质钻探工作必须坚持先水文地质测绘与物探，后钻探施工，坚持"一踏勘，二设计，三施工"的工作程序。必须在有充分水文地质资料和开展过物探工作的地区布置水文地质钻孔进行水井钻探，在钻探过程中采取必要措施收集和论证水文地质资料，严格按照成井工艺规程要求成井。

3.4.1.1 确定孔位

根据地质设计要求，由地质（物探）和钻探技术人员到现场确定孔位，若条件允许时，可与当地建设规划需要相结合确定，尽可能不占或少占耕地，并考虑施工方便；应了解施工现场地下电缆、管道以及地面高压电线分布情况，钻孔距地下埋设物的安全距离应大于 5 m；施工现场应保证"三通一平"（水、电、路通，地基平），并要求在钻塔起落范围内不得有障碍物。

3.4.1.2 制订钻孔计划措施

开钻前由地质和钻探部门共同下达钻孔设计书，机台应按照设计书要求，订出完成任务的计划和措施，并对泥浆材料、砾料、井管、钻具和油料等做相应准备。对安全措施和设备安装以及测量仪表等要进行检查、试车，符合安全要求后才准开钻。

3.4.1.3 开孔

开孔前首先应修建地基，修建时必须考虑到地形、风向、雨季洪水的影响，并采取相应的安全措施；地基必须平整、坚实、适用，须采用填土修建时，必须进行打桩、夯实；塔基处填方面积不得大于塔基的1/4；深孔或在沼泽地区施工时，塔角和钻机底座地基宜采用水泥墩加固。

水文地质钻探工作除严格执行《矿区水文地质工程地质勘查规范》外，还需严格遵守以下要求：第一层浅层地下卤水采用无泵钻进，下部的承压卤水层采用饱和盐水或饱和卤水钻进。水文地质钻探工作回次进尺一般不得超过 3.0 m。

开孔钻进必须加强护孔和防斜措施，防止孔口塌陷和确保钻孔垂直。在易塌的表土层开孔，可以用黏土投入孔内护壁，待钻穿易塌表土层后，应下入孔口管，其底部和四周用黏土围填、捣实，不得有渗漏。

3.4.1.4　水文地质资料收集

所有的钻孔都要进行简易水文地质观测，终孔后，恢复水位 4 h。要求每个钻孔都要分层取样（砂样、土样、水样）。砂样的采取主要是在含卤水矿层位，采用取砂器采取原状样密封好，贴上标签送往实验室测定给水度、孔隙度、易溶盐及粒度分析；土样的采取主要是在隔水层中，用薄壁取土器取出原状样送往实验室测定给水度和易溶盐等。分层水样的采取，需要从卤水层顶板严格止水，止水材料用干海带缠绕在套管上，套管下部接上花管下放到卤水层，海带遇水膨胀，将卤水层顶板以上封住，采用提桶提水的方法将孔中循环液提掉，间隔 1 h 左右再提一次，如此提 3~4 次，从孔中提出的水即是卤水；放到 2.5 L 的塑料桶中，密封送往实验室化验。水质全分析样品项目主要包括 K^+、Na^+、Ca^{2+}、Mg^{2+}、Cl^-、SO_4^{2-}、HCO_3^-、Br^-、I^-、B^{3-}、Rb^-、Li、Sr 等及硬度、碱度、矿化度、波美度、密度等。给水度分析、孔隙度分析、颗粒分析、易溶盐分析的样品采取、密封、保存均严格按照规程执行，样品的测试交由实验测试中心承担。

抽水试验井，抽取混合水。下水泥管成井，含水层下花管，隔水层下实管，含水层水泥花管周边填埋滤料，隔水层水泥管外围填上黏性土，正式抽水试验前，预抽水 8 h，到井内水变清时，停抽，稳定恢复水位至静水位时，开始正式抽水试验，抽水试验采用稳定流抽水试验，抽水次数为 3次，抽水试验开始、结束时各取水样一件。抽水时稳定时间为 8 h，抽水试验结束时，即刻恢复水位。

3.4.1.5　封孔

钻井终孔后，进行严格的封孔，封孔材料主要用黏性土与高标号水泥相结合的方法，先用黏性土将钻孔的下部（包括含水层）封死，上部采用高标号水泥将孔全部封闭，选择 5% 的孔进行质量检查，地面设立永久标志。

3.4.2　地质地球物理测井工作过程

3.4.2.1　测井设计

在明确勘察任务的基础上，广泛收集查阅场地的区域地质与地球物理资料，以及场地附近区域的测井、地质、水文、地面物探、钻探等有关资料。

在此基础上确定测井位置和数量，依据岩芯，水文地质等资料确定需要测量的物性参数并选择合适类型的地质地球物理测井。建立测井资料与岩芯岩性或卤水之间的电性关系或识别标志，以实现地层的划分以及确定卤水资源赋存区域。

目前通常选用组合测井识别方法开展卤水测井识别工作。可选取深电阻率（RILD）、声波时差（AC）和中子孔隙度测井（CNL）实现组合识别含水层位置，当电阻率相对较小时，孔隙度相对较大时，可判断为存在含水层。然后依据卤水富含放射性矿物的特点根据自然伽马曲线，组合判断卤水层位置。

此外，多种标准地球物理测井系列也被应用于卤水资源调查工作之中。例如：① 1∶500 标准测井系列：由 2.5 m 视电阻率测井、自然电位测井和井径测井，作为地层划分、对比的电性依据；② 1∶200 组合测井系列：由 6 条曲线组成（微电极、密度、声波时差、井壁中子、自然伽马和井径曲线），作为识别、划分矿层及单矿层对比的依据；③ 1∶100 放大测井曲线系列：由微电极、密度、双侧向 3 条曲线组成，主要用于取芯井段，研究岩性-电性、碱层-电性关系，确定矿层；④ 1∶200 固井质量检查测井：主要是声波幅度测井，用于检查固井段水泥封固情况。

3.4.2.2　测井准备及布置

（1）应根据测井任务分析钻孔地质情况及邻孔测井资料，检查仪器工作状态和磁介质质量及容量，并清点所需用的仪器设备、工具、材料和资料等。

（2）妥善安放测井仪器设备，绞车与井口间距一般应大于 10 m，且能通视。

（3）下放测井电缆并合理布放电源线与测量线。测量电极与供电电极之间的距离，不应小于下井电极系极距的 50 倍。测量电极应放在与井液物化性质相近的液体中，并远离电话、避雷设施及仪器、设备的接地线。

（4）准确丈量各下井仪记录点至电缆零记号间的长度，检查连通下井仪器密封性，并使用与钻探统一的深度起算点，计算起算深度。

3.4.2.3 资料采集与解译

资料采集阶段。将测井仪器放入到井中后，当其沿井身移动时，反映岩层的某种物理量的信息通过电缆传输到专业测井仪器的地面控制部分，进行适当处理之后，再传送到地面通用记录仪进行记录。

资料解译阶段。结合地质资料，综合分析测井曲线的变化规律，综合解释得到的各岩层地质参数，对各含水层或储集层进行综合评价，确定盐卤资源赋存范围。

参考文献

韩有松,等. 1996. 中国北方沿海第四纪地下卤水. 北京:科学出版社.

邓胜徽. 2010. 新疆北部的侏罗系. 合肥:中国科学技术大学出版社.

沈振枢,乐昌硕,雷世太. 1993. 柴达木盆地第四纪含盐地层划分及沉积环境. 北京:地质出版社.

谢学光,尚小刚,杨振兴,等. 2010. 柴达木盆地水资源开采潜力评价. 青海科技, (02):16-19.

岳云宝. 2013. 川中地区三叠纪富钾卤水大地电磁探测应用研究[D]. 成都:成都理工大学.

杨飞,潘源墩,章学刚,等. 2011. 利用三维地震资料追踪富钾卤水储层. 化工矿产地质, 33(001):54-57.

杨修猛,刘文玉,韩凤清,等. 2018. 应用核磁共振技术分析干盐湖地区地下卤水空间分布特征——以昆特依干盐湖为例. 湖泊科学, 30(001):220-233.

焦鹏程,刘成林,白大明,等. 2005. 应用自然电场法寻找地下富钾卤水的探讨. 地球学报, 26(004):381-385.

冷莹莹,李祥虎,刘蕾. 2009. 潍坊市北部天然卤水矿床特征及成因分析. 成都理工大学学报:自然科学版, 36(002):188-194.

刘宝银,孟广兰. 1990. 渤海湾北岸地下卤水分布远景区卫星信息解译研究:国土卫星遥感图像. 海洋科学进展, 008(004):58-63.

黄华, 张士万, 张连元, 等. 2013. 潜江凹陷潜江组砂岩卤水矿床测井识别方法研究. 化工矿产地质, 35(002): 65-71.

Qi H, Ma C, He Z, et al. 2019. Lithium and its isotopes as tracers of groundwater salinization: a study in the southern coastal plain of laizhou bay, china. Science of The Total Environment, 650: 878-890.

引用规程与规范

DD 2019-04 水文地质图件编制规范

DZ/T 0017 工程地质钻探规程

GB50027-2001 供水水文地质勘察规范

GB12719-1991 矿区水文地质工程地质勘探规范

第4章 海洋盐卤地球化学特征

海水总盐度为35，是一种含有多种化学元素的复杂的水溶液，其内部时刻都进行着物理化学变化，这是海水组成的特点之一。另一特点是成分比值的恒定性，即海水中总的含盐量，虽因客观条件的变化而有所不同，但其主要成分之间的比值却几乎保持恒定。海水应含有地球上的所有元素，目前已测定的有80多种。其中，浓度超过1 mg/L的仅有14种，它们是氧、氢、氯、钠、镁、钙、钾、溴、硼、硅、氟、碳、硫、锶。其中氧和氢主要是以水的形式存在，其他各元素以离子、分子或原子团形式溶解于海水中。

在20世纪50年代，苏联学者把溶解性总固体（TDS）不小于50 g/L的水称为卤水，现在逐渐趋向于按照如下分类：TDS值小于1 g/L的水为淡水，1~3 g/L的水为微咸水，3~10 g/L的水为咸水，10~50 g/L的水为盐水，TDS值不小于50 g/L的水为卤水。从滨海到内陆、从古老的地质时期到现代、从地表到地下都有卤水矿床的分布。第四纪滨海相地下卤水是近年来被认识的一种新型卤水盐矿床。在我国主要分布在渤海沿岸及部分黄海岸段，其中以山东省莱州湾沿岸分布最广，浓度最高，储量最大。

地下卤水同海水相比较，都含有相同的化学组分，且各元素的氯度比值相近，按舒卡列夫分类，为Cl-Na型水。卤水来源于海水，但浓度却远高于海水，有的浓度高达海水的6倍多。根据康兴伦和程作联（1990）的研究，在含地下卤水的沙层中，普遍发现了海相腹足类生物及有孔虫化石，它们属潮间带和滨岸浅水环境的种属，因此，可以认为莱州湾沿岸的地下卤水是与海水有着密切关系的高矿化度地下水，即地下卤水来源于海水。地下卤水与海水虽然有诸多相同之处，但是两者间也存在明显的差异。显然，卤水在形成和以后的演变过程中发生了某些变化。地下卤水的化学成分是该类型矿藏工业价值的最重要指标之一。卤水可以用于制盐并提取溴、碘、锂、锶、钡、硼、钾、铯、铷等有用元素，是盐化工业的主要原料，具有较高的工业价值，在沿海经济建设中起有重要的作用。

莱州湾第四纪地下卤水资源的开发利用有着悠久的历史。但早些年由于技术和经济条件的制约，对该地区卤水的成因和资源特点还缺乏系统、成熟的认识，开发利用程度较低。自 20 世纪 50 年代以来，莱州湾地区开展了众多小比例尺的区域地质调查与水文环境综合地质调查及相关工作，获得了大量的基础地质资料，并取得了一系列较为重要的成果。从 20 世纪 80 年代中期至今，随着对卤水的大量开采，导致地下水降落漏斗形成和卤水资源面临枯竭等一系列地质环境问题，已引起相关地方政府部门的高度重视，正适时制定符合矿区实际情况的卤水资源开发利用规划，大幅度降低开采总量，使卤水资源可持续开发利用，同时保护好地质环境。

4.1　海洋盐卤的化学组成

第四纪滨海相地下卤水中除氯化钠浓度最高外，还富含镁、钙、钾、溴、铀、锂及碘等成分，根据有关规定，卤水中有益组分含量凡达到工业 1/10 指标以上的，均可以进行综合开发利用，潍坊市北部沿海卤水有益组分含量与工业指标对比，卤水中有用成分主要为 NaCl 平均含量 93.51 g/L，是工业指标的 1.7 倍；Br（224 mg/L），是工业指标的 4.5 倍；$MgCl_2$（14.69 g/L），是工业指标的 1.34 倍；$MgSO_4$（8.52 g/L），是工业指标的 1.7 倍；$CaSO_4$（3.1 g/L），是工业指标的 1.55 倍；KCl（1.31 g/L），是工业指标的 0.6 倍。

简言之，地下卤水中达到工业指标的有 Br、NaCl、$MgCl_2$、$MgSO_4$ 和 $CaSO_4$ 共 5 种矿产。在工业指标以下，但能达到工业指标 1/10 以上的矿产仅为 KCl，其他有用成分含量甚微，经综合利用，可以生产多种化工产品，因此地下卤水是非常重要的资源。

第四纪滨海相地下卤水矿化度为 50 ~ 217 g/L，地下卤水的主要化学组分与海水基本相同，主要离子含量的排序为：Cl>Na>Mg>SO_4；Na>Mg>Ca；Cl>SO_4>Br，与正常海水相一致。韩有松等（1996）通过对比莱州湾沿岸地下卤水和海水的化学成分，认为该卤水来源于海水无疑，并提出了海岸带潮滩生成卤水的机理，将卤水的形成解释为：赋存于潮滩沉积物中的海水，在退潮期间，通过蒸发作用，使海水浓缩形成。但在随后的进一步研究过程中发现卤水的 Na^+/Mg^{2+}、Ca^{2+}/Mg^{2+}、Cl^-/Br^-、rNa^+/rCl^-、rMg^{2+}/rCl^-、rCa^{2+}/rCl^- 值虽然与海水接近，但都低于海水的相应值，说明当地的地下卤水绝非海水简单浓缩的产物。康兴伦和程作联（1990）在对山东渤海沿岸地下卤水的成分研究后提出，山东渤海沿岸的地下卤水是已经变性的海水。在蒸发浓缩过程中首先析出文石或方解石，使溶液中的 Ca^{2+} 和 CO_3^{2-} 离子浓度降低。当海水浓缩 4~5 倍时，出现石膏或硬石膏沉淀，使 Ca^{2+} 和 SO_4^{2-} 离子浓度降低。卤水被长期埋藏于地下，与黏土中阳离子交换，使卤水中 K^+、Na^+ 的含量降低，Mg^{2+} 的含量增加。张永祥等（1996）在对莱州湾南岸地下卤水的研究中发现，古海水在转化为卤水的过程中，发生了方解石和石膏的沉淀及钠长石和钙长石的蚀变，使得卤水中各主要离子的浓度并不是以相同的浓缩倍数增长；在卤水与淡水的混合带，还存在着 Na^+，且与 Mg^{2+}、Ca^{2+} 离子交换吸附。周仲怀等（1990）的研究发现，莱州湾沿岸的地下卤水还存在着一些明显的微量元素地球化学异常，其中钴的异常现象最明显，个别岸段的浓度是海水的 5 000 倍；铀的含量最高可达 100 μg/L，是正常海水浓度的 30 倍。微量元素的异常程度随岸段的不同而变化，但并不与卤水浓度线性相关，地下卤水在形成与演化的过程中存在着与围岩的相互作用。这些研究进一步完善了韩有松的海岸潮滩成卤理论。总体上可以把海水向卤水成分的转化分为浓缩阶段和变质阶段。

为了全面叙述滨海地下卤水的化学组成及其特征，分别选择了不同区域有代表性盐田的水质分析结果（表 4.1 至表 4.10）。莱州湾南岸部分盐田所处地理位置如图 4.1 所示。环渤海区域部分盐田所处地理位置如图 4.2 所示。

表 4.1　昌邑市蒲东化工厂地下卤水 3#成分分析结果

化学成分	单位	检测结果
Ca^{2+}	g/L	0.90
Mg^{2+}	g/L	3.16
SO_4^{2-}	g/L	6.09
Cl^-	g/L	43.41

续表

化学成分	单位	检测结果
K⁺	g/L	0.89
Na⁺	g/L	23.52
Br⁻	mg/L	202.56
总硬度（以 $CaCO_3$ 计）	g/L	15.23
pH 值		7.00
CO_3^{2-}	g/L	0
HCO_3^-	g/L	0.4

表 4.2 莱州湾南岸部分卤水井水化学特征   mg/L

地名	K⁺	Na⁺	Ca²⁺	Mg²⁺	Cl⁻	SO₄²⁻	HCO₃⁻	NO₃⁻	H₂SiO₃
潍坊市潍北港区	1 410	47 000	828	5 360	86 900	10 200	479	0.26	8.48
潍坊市潍北港区南	1 230	44 800	904	5 760	82 000	10 200	505	0.10	9.01
潍坊市央子镇	1 460	54 900	952	7 100	101 000	11 500	434	0.09	7.60
央子镇东盐厂	871	31 400	578	4 160	58 100	6 680	408	5.90	7.44
下营镇裕源化工厂	1 030	34 600	624	4 540	64 900	7 750	498	17.40	9.87
下营镇民康制溴公司	1 060	38 000	695	4 640	70 400	8 330	428	11.00	9.58
下营镇厫里村	1 060	32 700	753	3 990	60 600	6 740	338	4.20	11.67
下营镇厫里盐化公司	1 130	36 100	537	4 020	66 000	7 100	399	1.30	11.01
土山镇莱山盐厂	1 500	38 600	835	6 000	73 400	9 740	280	0.09	12.22

资料来源：杨巧凤等，2016.

表 4.3 环渤海地区浅层地下卤水主要组分含量统计   g/L

地名	Na⁺	Ca²⁺	Mg²⁺	Cl⁻	SO₄²⁻	HCO₃⁻	pH	矿化度
无棣马山子海洋化工	21.20	0.75	2.98	38.94	53.00	0.40	7.10	70.32
沾化滨海永太化工	24.50	0.74	3.56	45.76	5.58	0.63	7.00	81.25
东营王岗盐场	26.50	0.81	4.48	51.11	7.43	0.71	6.90	91.61
海化集团二分场	52.13	1.20	7.93	98.33	11.47	0.47	6.70	172.74
寒亭央子东盐场	49.50	1.12	6.99	88.59	10.98	0.41	6.90	158.77
昌邑蒲东盐场	53.00	1.02	6.63	94.43	10.64	0.45	6.80	167.77
莱州土山诚源盐化	46.00	0.89	6.33	89.57	8.01	0.30	6.60	152.75

资料来源：邹祖光等，2008.

表 4.4　黄河三角洲地区地下卤水主要组分含量统计　　　　　　　　g/L

井号	Na$^+$	Ca^{2+}	Mg^{2+}	Cl$^-$	SO$_4^{2-}$	HCO^{3-}	pH	矿化度
五号桩 H2 孔	24.50	1.25	4.55	50.12	7.21	0.36	6.91	88.54
五号桩 H4 孔	33.50	1.68	4.61	63.99	5.97	0.28	7.04	110.15
胜电 1#	18.80	1.64	3.11	37.49	4.57	0.20	7.80	65.76
营 65 井	49.60	8.76	1.10	97.10	0.002	0.00	6.14	180.00
东风 10 井	45.00	8.66	1.23	90.80	0.003	0.00	6.40	157.00
河 82-2 井	62.20	11.15	1.01	122.90	0.004	0.10	5.66	213.00
河 127 井	63.90	11.40	1.09	129.40	1.56	0.00	5.80	210.00
莱 59 井	70.30	20.04	1.75	143.30	0.07	0.13	6.30	251.00
莱 54 井	35.00	4.01	0.47	65.50	0.16	0.00	6.24	107.00
莱 52 井	35.00	4.50	0.59	67.20	0.16	0.00	6.62	110.00
莱 18 井	44.50	4.40	3.35	90.50	0.07	0.00	5.90	150.00
莱 15-1 井	36.84	3.37	0.59	67.40	0.48	0.00	5.96	113.00

资料来源：邹祖光等，2008.

表 4.5　莱州湾南岸卤水取样点卤族元素和稳定同位素数据

地名	Br/ (mg·L^{-1})	I/ (mg·L^{-1})	F/ (mg·L^{-1})	校正后 δD_{V-SMOW} / (10^{-3})	校正后 $\delta^{18}O_{V-SMOW}$ / (10^{-3})
潍坊市潍北港区	322	0.14	1.03	−19	−1.2
潍坊市潍北港区南	299	0.19	0.63	−33	−3.5
潍坊市央子镇	358	0.14	0.67	−34	−3.2
央子镇东盐厂	173	0.28	1.55	−39	−4.3
下营镇裕源化工厂	207	0.15	0.52	−33	−3.6
下营镇民康制溴公司	109	0.13	0.83	−33	−3.1
下营镇廒里村	96.4	0.24	0.17	−35	−2.6
下营镇廒里盐化公司	212	0.15	0.48	−14	−1.7
土山镇莱山盐厂	155	0.16	0.40	−20	−2.3

资料来源：杨巧凤等，2016.

表 4.6　厩里盐田地下卤水化学成分分析结果

化学成分		样品编号										
		501-1	501-2	501-3	501-4	501-5	501-6	701-1	701-2	701-3	701-4	701-5
主要元素/ (mg·L⁻¹)	K^+ (×10²)	9.698	11.01	9.468	8.48	4.783	6.616	6.086	7.986	9.980	10.26	6.212
	Na^+ (×10³)	29.74	43.88	46.89	44.61	39.16	40.69	21.46	24.93	35.02	36.96	37.28
	Mg^{2+} (×10²)	35.26	59.94	64.76	62.43	58.33	58.84	25.90	29.73	43.42	46.11	50.22
	Ca^{2+} (×10²)	7.040	10.23	12.33	13.32	16.52	14.70	8.830	6.810	8.446	8.715	12.63
	Cl^- (×10²)	53.40	80.57	86.43	82.78	74.96	76.68	39.51	44.97	63.05	67.26	68.86
	HCO_3^- (×10)	42.30	54.13	57.27	54.95	52.40	50.62	26.35	38.57	43.53	44.82	41.98
	SO_4^{2-} (×10²)	61.13	90.15	99.21	93.29	72.79	81.61	40.78	50.82	76.38	71.76	77.14
	Sr	12.00	15.00	17.00	19.00	21.00	19.00	13.00	11.00	12.00	17.00	18.00
	B	10.00	6.00	3.76	2.80	2.00	2.80	4.40	16.80	7.60	5.60	4.40
微量元素/ (mg·L⁻¹)	Fe	<0.05	0.125	0.10	0.275	<0.05	0.115	0.325	<0.05	0.825	0.575	0.125
	Mn	5.50	5.50	5.75	6.75	5.52	6.25	1.75	5.25	0.65	8.00	12.50
	Pb	0.16	0.05	0.24	0.46	0.28	0.11	<0.05	0.65	<0.05	0.10	0.13
	Zn	0.35	0.20	0.20	0.35	0.03	0.16	0.35	0.15	0.40	0.25	0.50
	Cu	0.16	0.68	0.68	0.48	0.35	0.93	0.11	0.08	0.16	0.15	0.46
	Cr	0.04	0.05	0.06	0.08	0.055	0.11	0.04	0.045	0.03	0.045	0.035
	Br (×10)	25.08	30.83	34.58	33.52	28.13	28.72	18.52	22.51	28.13	29.54	32.47
	I	0.101	0.227	0.219	0.235	0.162	0.148	0.078	0.109	0.11	0.113	0.10

续表

化学成分		样品编号											
		501-1	501-2	501-3	501-4	501-5	501-6	701-1	701-2	701-3	701-4	701-5
可溶盐/(g·L^{-1})	$CaSO_4$	2.905	2.706	4.661	4.079	5.009	4.596	2.832	2.098	2.748	2.762	3.959
	$MgSO_4$	5.408	9.404	8.712	8.773	5.504	7.346	2.611	4.684	7.316	7.830	6.830
	$Ca(HCO_3)_2$	0.469	0.682	0.700	0.689	0.631	0.603	0.283	0.455	0.562	0.545	0.489
	$MgCl_2$	9.745	15.081	17.985	17.487	18.680	16.921	7.440	7.823	10.995	12.223	15.684
	KCl	1.757	1.945	1.513	1.561	0.765	1.305	1.150	1.431	1.945	2.245	1.728
	$NaCl$	73.940	112.383	117.485	112.985	99.802	104.138	52.804	62.264	88.216	93.324	93.267
	$NaBr$	0.169	0.358	0.385	0.360	0.336	0.343	0.257	0.162	0.294	0.336	0.324
	NaI	0.001	0.001	0.001	0.001	0.001	0.001	0.001	0.001	0.001	0.002	0.001
干固物		94.882	143.228	152.143	145.658	130.513	135.848	67.399	79.157	112.582	119.848	122.966
pH值		7.2	7.0	6.8	7.0	6.7	6.8	7.4	7.6	7.0	7.0	10.5
浓度/°Bé		8.5	12.2	13.5	13.0	11.5	12.0	6.0	7.0	10.0	10.0	10.5
水温/℃		14.0	14.8	14.6	14.6	15.0	15.0	16.5	13.5	14.0	14.5	16.0
含水层		潜水层	第一承压层	第二承压层	第三承压层	第四承压层	第五承压层	潜水层	第一承压层	第二承压层	第三承压层	第四承压层

资料来源：韩有松等，1996.

表 4.7　东风港盐田地下卤水化学成分分析结果

化学成分		样品编号					
		201-1	201-2	201-3	202-1	202-2	202-3
主要元素/ ($mg \cdot L^{-1}$)	K^+ ($\times 10^2$)	3.38	4.80	3.60	4.72	4.12	3.04
	Na^+ ($\times 10^3$)	10.27	20.64	23.39	25.06	27.52	20.03
	Mg^{2+} ($\times 10^2$)	10.06	25.81	33.55	30.63	39.63	28.50
	Ca^{2+} ($\times 10^2$)	4.91	8.27	7.76	5.94	6.48	5.67
	Cl^- ($\times 10^2$)	17.13	37.52	43.17	45.74	51.19	37.03
	SO_4^{2-} ($\times 10^2$)	32.80	47.74	54.86	39.56	51.25	41.05
	HCO_3^- ($\times 10$)	44.77	37.10	65.24	69.72	94.02	72.28
微量元素/ ($mg \cdot L^{-1}$)	Sr		9.20	14.55	9.15	15.42	12.49
	B		2.71	2.27	1.75	1.87	1.80
	Fe	5.00	11.20	23.60	18.50	3.00	9.80
	Mn		3.48	3.62	0.68	5.00	3.20
	Pb		<0.005	<0.005	<0.005	<0.005	<0.005
	Zn		0.35	1.50	0.48	0.36	1.15
	Cu		0.015	0.010	0.014	0.48	1.70
	Cr		0.006	<0.003	<0.006	<0.006	<0.006
	Br ($\times 10$)		12.79	15.03	15.41	17.23	12.38
	I	0.04	0.12	0.24	0.20	0.64	0.36
	Si	2.62	1.31	1.78	3.55	3.65	3.93
可溶盐/ ($g \cdot L^{-1}$)	$CaSO_4$		2.537	2.106	1.388	1.297	1.234
	$MgSO_4$		3.730	5.013	3.730	2.566	4.053
	$Ca(HCO_3)_2$		0.325	0.630	0.751	1.077	0.825
	$MgCl_2$		7.152	9.180	9.047	11.354	7.958
	KCl		0.915	0.687	0.900	0.786	0.580
	NaCl		52.368	59.359	63.601	69.837	50.826
	NaBr		0.165	0.193	0.198	0.222	0.159
	总盐量		67.201	77.168	79.615	87.139	65.635
pH 值		6.90	6.68	6.68	7.10	7.14	7.09
浓度/°Bé		3.3	6.5	7.4	7.5	8.3	6.4
含水层		潜水层		承压水层	潜水层	承压水层	

资料来源：韩有松等，1996.

表 4.8　南堡盐田地下卤水化学成分分析结果

化学成分		样品编号			
		SK$_1$	SK$_2$	SK$_6$	SK$_8$
主要元素/ (mg·L^{-1})	K$^+$ (×10^2)	5.00	5.20	3.00	3.00
	Na$^+$ (×10^3)	35.00	23.00	21.00	19.00
	Mg^{2+} (×10^2)	52.50	60.00	27.50	23.50
	Ca^{2+} (×10^3)	6.20	6.40	4.50	4.80
	Cl$^-$ (×10^3)	56.19	42.34	29.10	30.00
	SO$_4^{2-}$ (×10^2)	65.44	66.26	32.47	39.68
	HCO$_3^-$ (×10)	53.39	27.46	12.20	18.31
微量元素/ (mg·L^{-1})	Sr	14.00	17.00	8.10	9.10
	B	2.50	6.80	2.60	4.90
	Fe	0.56	0.34	0.54	0.24
	Mn	4.80	5.40	1.10	0.80
	Pb	0.90	0.46	0.74	0.38
	Zn	2.00	0.34	0.02	0.04
	Cu	0.03	0.08	0.02	0.01
	Cr	0.07	0.08	0.05	0.04
	Br (×10)	12.92	24.11	10.29	11.56
	I	0.268	0.276	0.180	0.188
	Si	0.031	0.030	0.010	0.010
	Ba	0.06	0.19	0.05	0.06
	Cd	0.38	0.40	0.24	0.98
可溶盐/ (g·L^{-1})	CaSO$_4$	1.510	1.870	1.400	1.430
	MgSO$_4$	6.870	6.650	2.830	7.908
	Ca(HCO$_3$)$_2$	0.710	0.360	0.162	0.243
	MgCl$_2$	15.140	18.250	8.520	2.952
	KCl	0.970	0.970	0.570	0.574
	NaCl	73.300	46.640	37.050	51.140
干固物		100.36	76.55	52.03	60.60
pH 值		7.05	7.28	6.55	6.91
浓度/°Bé		9.5	7.7	5.0	6.0
含水层		承压水层	潜水层	潜承混合水	潜承混合水

资料来源：韩有松等，1996.

表 4.9　莱州湾东、南沿岸地下卤水与海水化学特征对比　　　　　　　　mg/L

化学成分	正常海水	近岸海水	近岸浓缩海水	莱州盐田	羊口盐田
K^+ （$\times 10^2$）	3.87	3.20	18.60	14.90	11.00
Na^+ （$\times 10^2$）	10.76	8.77	53.92	53.35	48.21
Mg^{2+} （$\times 10^2$）	12.94	11.10	65.60	67.70	77.70
Ca^{2+} （$\times 10^2$）	4.13	3.70	13.40	11.00	13.4
Cl^- （$\times 10^2$）	19.35	15.80	97.15	99.57	91.12
SO_4^{2-} （$\times 10^2$）	27.12	22.40	122.6	75.90	107.90
HCO_3^- （$\times 10^2$）	0.00	0.00	0.00	0.00	0.00
浓度/°Bé	3.50	2.76	14.59	14.73	14.49
pH 值	8.25	>8.0		6.5~7.6	

注：各种含量均为地下卤水井平均值.

资料来源：张祖陆和彭利民，1998.

表 4.10　羊口盐场卤水与海水离子当量比值

类型	离子当量比值						离子比值	
	$\dfrac{\gamma Ca^{++}}{\gamma Cl^-}$	$\dfrac{\gamma K^+}{\gamma Cl^-}$	$\dfrac{\gamma Na^+}{\gamma Cl^-}$	$\dfrac{\gamma Mg^{++}}{\gamma Cl^-}$	$\dfrac{\gamma SO_4^{--}}{\gamma Cl^-}$	$\dfrac{\gamma Br^-}{\gamma Cl^-}$	$\dfrac{Cl^-}{Br^-}$	$\dfrac{Na^+}{Mg^{++}}$
正常海水	0.037 8	0.018 1	0.857 4	0.195 1	0.103 4	0.001 5	288.85	8.30
羊口盐场井水	0.026 4	0.012 4	0.814 9	0.243 5	0.093 5	0.001 6	278.14	6.33

资料来源：韩有松和吴洪发，1982.

　　苏联学者舒卡列夫的地下水化学分类因其分类简明易懂，故在我国广泛应用，其分类方法（王大纯等，1995）是：根据地下水中 6 种主要离子（钾合并于钠中）及矿化度划分的。含量大于 25% 毫克当量的阴离子和阳离子进行组合，共分成 49 型水，每型以一个阿拉伯数字作为代号。按矿化度又划分为 4 组：A 组矿化度小于 1.5 g/L，B 组 ≥1.5~<10 g/L，C 组 ≥10~≤40 g/L，D 组大于 40 g/L（表 4.11）。

1:3 500 000

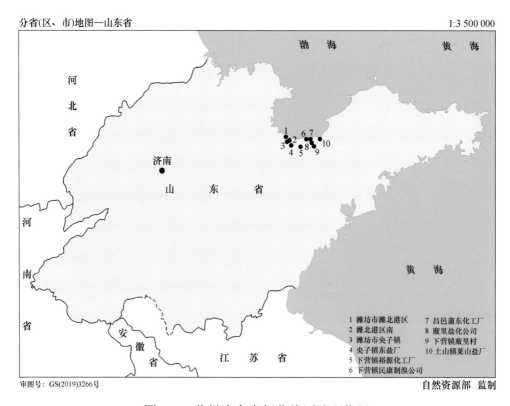

图4.1　莱州湾南岸部分盐厂地理位置

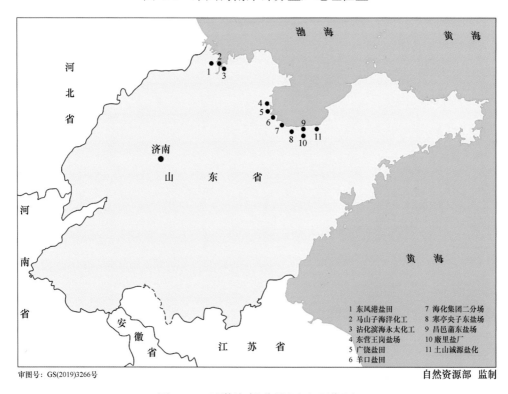

图4.2　环渤海部分盐厂地理位置

表 4.11　舒卡列夫分类

>25%毫克当量的离子	HCO₃	HCO₃+SO₄	HCO₃+SO₄+Cl	HCO₃+ Cl	SO₄	SO₄+ Cl	Cl
Ca	1	8	15	22	29	36	43
Ca+Mg	2	9	16	23	30	37	44
Mg	3	10	17	24	31	38	45
Na+Ca	4	11	18	25	32	39	46
Na+Ca+Mg	5	12	19	26	33	40	47
Na+Mg	6	13	20	27	34	41	48
Na	7	14	21	28	35	42	49

不同化学成分的水都可以用一个简单的符号代替，并赋以一定的成因特征。例如，1-A 型即矿化度小于 1.5 g/L 的 HCO_3-Ca 型，是沉积岩地区典型的溶滤水，而 49-D 型则是矿化度大于 40 g/L 的 Cl-Na 型，可能是与海水及海相沉积有关的地下水，或者是大陆盐化潜水。

将根据莱州湾沿岸地下卤水的化学组分（表 4.12），运用舒卡列夫分类方法进行莱州湾沿岸第四纪滨海相地下卤水的水化学分类。

表 4.12　莱州湾沿岸地下卤水主要离子成分组成　　　　　　　　　　mg/L

盐田名称	K	Na	Mg	Ca	Cl	SO₄	HCO₃
莱州盐田	1 490	53 350	6 770	1 100	99 570	7 590	
廒里盐田	950	46 890	6 480	1 230	86 430	9 920	572.7
寒亭盐田	1 370	49 210	6 190	880	89 400	9 400	
羊口盐田	1 100	48 210	7 770	1 340	91 120	10 790	
广饶盐田	1 220	51 000	7 030	820	92 640	10 600	

资料来源：韩有松等，1996.

从表 4.13 和表 4.14 中可以看出：地下卤水的水质类型按舒卡列夫分类，为 Cl-Na 型，与海水化学类型一致。区别于以古海水为主沉积变质的氯化物型卤水，和以盐湖水为主的沉积变质的硫酸盐、氯化物和碳酸盐型卤水。

表 4.13　莱州湾沿岸地下卤水主要离子的含量　　　　　mg/L

盐田名称	K	Na	Mg	Ca	Cl	SO₄	HCO₃
莱州盐田	1 490.19	53 350.11	6 770.04	1 100.00	99 570.10	7 590.24	0.00
廒里盐田	950.04	46 890.10	6 480.00	1 230.00	86 430.05	9 920.16	1 145.58
寒亭盐田	1 370.07	49 210.11	6 189.96	880.00	89 400.15	9 399.84	0.00
羊口盐田	1 100.19	48 210.07	7 770.00	1 340.00	91 120.05	10 789.92	0.00
广饶盐田	1 219.92	50 999.97	7 029.96	820.00	92 640.10	10 599.84	0.00

表 4.14　莱州湾沿岸地下卤水主要离子的含量　　　　　%

盐田名称	K	Na	Mg	Ca	Cl	SO₄	HCO₃
莱州盐田	0.64	38.79	9.43	0.92	47.57	2.64	0.00
廒里盐田	0.45	38.04	10.08	1.15	46.08	3.86	0.35
寒亭盐田	0.64	39.01	9.41	0.80	46.57	3.57	0.00
羊口盐田	0.50	36.99	11.43	1.18	45.94	3.97	0.00
广饶盐田	0.54	38.61	10.20	0.71	46.09	3.85	0.00

4.2　海洋盐卤的物理化学特征

第四纪滨海相地下卤水一般无色透明或淡黄色,局部地区呈棕黄色,后者与含水层沉积物中的铁质含量有关(韩有松等,1996)。以往勘查资料表明,山东省地下卤水资源主要分布在环渤海地区及胶州湾地区。根据其埋藏深度分为浅层卤水(埋深小于 100 m)、中深层卤水(埋深 100～400 m)和深层卤水(埋深大于 400 m)。在区域水平方向上各区卤水矿体浓度呈现中间高四周低的分布规律,同时从沿海向内陆有明显分带性。地下卤水矿带之间的浓度为 7～10°Bé 的中等浓度地下卤水矿带。在区域垂直方向上,各区地下卤水浓度变化也有明显的分布特征。黄河三角洲两翼地区,浅层地下卤水垂向上矿体呈层状或透镜体状,浓度变化也具有明显的分带性。形成咸水—卤水双层结构或咸水—卤水—咸水三层结构。一般在高浓度区多双层结构,中等浓度和低浓度区一般多为三层结构。在 20～40 m

地下卤水浓度最高，向上向下均降低，并逐渐过渡为咸水；莱州湾南岸地区，地下卤水带垂向上呈透镜体状，高浓度区一般埋藏在 28.0～55.0 m 的深度，浓度在 10～16.5°Bé，其往上、往下浓度均降低。在胶州湾地区由于埋深浅，含水层厚度薄，地下卤水浓度低，所以地下卤水矿体浓度变化垂向分布不明显。

4.2.1　浅层地下卤水

山东省浅层地下卤水主要赋存于渤海南岸沿海地区的第四纪海积冲积和海积层中。黄河三角洲北翼地区，浅层地下卤水矿体沿海岸呈条带状和块状分布，面积约 1 100 km^2；在莱州湾沿岸地区，浅层地下卤水矿体沿海呈带状分布，面积约 2 100 km^2；胶州湾地区地下卤水矿体分布受海岸地貌与第四纪沉积环境控制，在海湾的西岸与西北岸因海岸低地连续分布，形成一条小型环形地下卤水矿带，矿区面积约 100 km^2。浅层地下卤水的动态变化受水文、气象、地形和人工开采等条件的控制。

浅层地下卤水水化学类型为 Na-Cl 型，化学元素组成与海水基本相同。阳离子主要有 Na$^+$、K$^+$、Ca^{2+}、Mg^{2+}；微量元素有 Sr^{2+}、Li、B、Mn 等。阴离子主要有 Cl$^-$、SO$_4^{2-}$、HCO$_3^-$ 等；微量元素有 I$^-$、Br$^-$、F$^-$ 等。其中 Cl$^-$、Na$^+$ 分别在阴阳离子中占绝对优势，Cl$^-$ 占阴离子含量的 90% 左右，含量为 70～120 g/L；Na$^+$ 占阳离子含量的 83% 左右，含量为 35～65 g/L。地下卤水浓度一般为 5～20 °Bé，矿化度为 50～217 g/L，总硬度为 217～315 mmol/L，pH 值为 6.5～7.6，为中偏弱酸性水（表 4.3）。浅层地下卤水中的主要微量元素平均含量：Br 为 350 mg/L（达到单独开采工业品位要求），I 为 0.42 mg/L，Li 为 0.20 mg/L，Sr 为 11.77 mg/L，B 为 5.34 mg/L。

（1）温度变化：浅层地下卤水的温度一般在 15℃ 左右。通常情况下，卤水的温度比较稳定，年变化幅度在 1℃ 以内。青岛胶州湾沿岸地下卤水勘探，观测到 3—4 月，6—7 月及 11—12 月的地下水温为 11.0～16.0℃。因卤水井深度小于 26 m，水温季节性变化明显，但变幅也仅仅在 1.5～2.5℃ 之间。而对应期间的气温变化则很大。同期水温与气温对比，冬季地下卤水高于气温 10℃ 以上，夏季水温低于气温 3℃ 以上（表 4.15）。

表 4.15 胶州湾沿岸地下卤水水温与同期气温对比

项目	南方盐田							东营盐田			黄岛盐田		
勘探井号	5	6	2	7	3	1	2	2	3	1	1	2	3
井深/m	21.20	11.30	20.70	14.60	21.00	19.70	9.00	23.60	22.65	26.40	12.10	21.80	22.70
观测时间	12月6日	12月8日	11月23日	12月13日	12月28日	11月17日	11月22日	6月22日	7月5日	6月14日	4月5日	3月31日	4月9日
水温/℃	14.5	13.5	14.0	14.5	13.5	14.0	14.0	15.5	15.5	16.0	16.0	14.5	15.0
气温/℃	1.0	3.5	5.0	6.5	10.0	13.0	14.0	18.0	29.5	33.0	11.0	15.0	15.0
浓度/°Bé	5.1	9.4	6.8	7.4	3.6	3.7	8.3	4.3	5.7	3.8	7.9	6.0	5.2

资料来源：韩有松等，1996.

（2）水位变化：影响浅层地下卤水水位动态的主要因素是大气降水和人工开采。在黄河三角洲北翼地区，浅层地下卤水水位埋深靠近海岸地带一般为 0.9~3 m，向陆地逐渐增深至 3~5 m。年内浅层地下卤水的最高水位出现在 7—9 月，与集中降水时间基本一致，局部地段滞后 1~2 个月。在莱州湾沿岸地区，由于近几年溴素厂不断增多，地下卤水资源严重超采，卤水水位逐年下降（表 4.16）。据调查，在寿光北部海化地区，卤水静水位每年下降约 1 m。

表 4.16　莱州湾南岸卤水取样点基本情况

地名	地面高程/m	井深/m	pH 值	水温/℃
潍坊市潍北港区	6.00	60	6.65	17.7
潍坊市潍北港区南	3.61	60	6.63	17.7
潍坊市央子镇	4.00	80	6.35	16.7
央子镇东盐厂	3.05	70	6.63	16.3
下营镇裕源化工厂	8.77	80	6.60	16.5
下营镇民康制溴公司	7.00	70	6.66	17.7
下营镇厫里村	11.48	30	6.83	16.8
下营镇厫里盐化公司	9.77	70	6.64	16.1
土山镇莱山盐厂	6.00	30	6.45	17.8

资料来源：杨巧凤等，2016.

（3）涌水量变化：浅层地下卤水的单井涌水量主要受含水层岩性、厚度、开发利用及补给条件的制约。经长期观测，浅层地下卤水涌水量随季节变化不明显。经调查了解在卤水开采区，随着开采强度的不断加大，浅层地下卤水单井涌水量逐渐减小。在莱州湾南岸地区，井深 75 m。近 3 年，内单井涌水量由原来的 12~15 m³/h，下降到现在的 5~11 m³/h，超采地区甚至出现单井报废现象。

（4）浓度变化：浅层地下卤水的浓度年内变化不明显，变化幅度一般小于 1°Bé。但是部分地段因长期不合理的开采，卤水浓度多年呈下降趋势。如广饶盐场，1959 年建场时卤水浓度一般为 10~13°Bé，2007 年降为 4~7°Bé；山东寿光地区卤水浓度多年平均下降速度为 0.5°Bé/a。这说明大部分盐场卤水资源有限，缺乏补给，长期开采必将造成卤水浓度降低。据山东省制盐工业科学研究所在莱州湾沿岸设置的 55 口观测井，经 1980—1981 年的观测结果（表 4.17），月平均变化及年平均变化均小于 1°Bé，变化幅度很小。有的盐田卤水井长期使用，因缺乏足够的外来补给量，浓度降低幅度较大。

4.2.2 中层地下卤水

山东省中层地下卤水矿主要赋存于黄河三角洲东部地区，第四纪晚更新世以前海积冲积和海相层中，为承压卤水层。中层地下卤水含水层岩性主要为粉砂、粉细砂、细砂以及黏质砂土，由上到下分为 3 个卤水含水层组。

第一层组，埋深在 102.0~301.8 m，厚度 10~28 m，岩性为粉细砂、细砂、粉砂，含有海相贝壳碎片。

第二层组，埋深在 154.0~332.1 m，厚度 5~15 m，岩性为粉细砂、细砂及黏质砂土。

第三层组，埋深在 170.0~365.6 m，厚度 10~28 m，岩性为粉砂、粉细砂、细砂，含有贝壳碎片。

在 3 个含卤水层之间都有隔水层，岩性为黏土、粉质黏土等。上部隔水层一般厚度 5~18 m，隔水性能较好，隔断上部潜水层卤水与中下层卤水水力联系。

根据钻孔资料及抽水实验得知，中层地下卤水水位埋深 1.0~37.0 m，当水位降深在 12 m 左右时，单井涌水量为 10.62~15.73 m^3/h，渗透系数一般在 0.525~1.359 m/d。地下卤水温度约 14.5~18℃。地下卤水矿化度为 50~110.15 g/L，总硬度为 231.4~4 138.4 mmol/L，pH 值为 6.91~7.8，为中偏弱碱性。

中层地下卤水水化学类型为 Cl·SO_4－Na·Mg 型和 Cl－Na·Mg 型；卤水化学成分中氯离子在阴离子成分中占绝对优势，含量为 37 488.38~63 987.25 mg/L，卤水中还含有溴、锶等微量元素，在五号桩地区 Br^- 含量为 167.24~219.4 mg/L。地下卤水矿化度为 50~110.15 g/L，总硬度为 231.4~4 138.4 mmol/L，pH 值为 6.91~7.8，为中偏弱碱性水（表 4.4）。

表 4.17　莱州湾沿岸卤水井月平均浓度、矿化度变化

°Bé，g/L

年份	项目	1月	2月	3月	4月	5月	6月	7月	8月	9月	10月	11月	12月	全年
1980	浓度	13.12	12.89	13.26	13.13	13.05	13.01	13.11	12.97	12.99	12.96	13.03	13.08	13.05
	矿化度	139.2	137.3	137.9	140.6	140.2	139.0	140.5	139.5	138.0	137.7	138.9	136.3	138.8
1981	浓度	12.85	13.06	13.15	12.80	13.06	13.02	13.24	12.70	13.54	12.85	12.86	12.77	12.95
	矿化度	136.0	137.9	138.9	137.0	139.5	138.3	141.4	135.9	132.0	139.8	139.0	136.7	137.5

资料来源：韩有松等，1996.

4.2.3　深层地下卤水

据目前资料显示，山东省深层地下卤水矿体主要赋存在东营凹陷、惠民凹陷、阳信凹陷及车镇凹陷内古近纪济阳群沙河街组四段地层中。东营凹陷深层地下卤水矿床位于东营市和垦利区境内，东起东营市广利镇，西到垦利区郝家镇，北起垦利区胜坨镇，南到东营区六户镇，区域上呈椭圆形分布，面积约 1 200 km²；惠民凹陷区内深层地下卤水矿床主要分布在临邑县西部至商河县东部地区，面积约 600 km²；阳信凹陷区内深层地下卤水矿床主要分布在阳信县南部至惠民县北部之间，面积约 120 km²；车镇凹陷区内深层地下卤水矿床主要分布在东风港周围，面积约 170 km²。

4.2.3.1　深层卤水物理特征

深层卤水为氯化物型原生卤水，无色透明、味极咸。矿化度 150～250 g/L，井口水温 42～70℃，密度 1.1～1.2，pH 值 5.5～6.5，呈弱酸性。

深层卤水的主要离子含量由大到小依次为 Cl^-、Na^+、Ca^{2+}。大量元素属海性元素，卤水矿化度大于 200 g/L。说明卤水和古海水有关，并经历过高度浓缩。

盐岩矿区卤水矿化度高。从凹陷边缘至中心，卤水矿化度逐渐增大。自沙二段开始卤水浓度随深度增加而增大，直至盐岩层饱和为止，出现明显矿化度垂直分带现象。

卤水主要离子为 Na^+、Cl^- 含量最高，前者为 45～70 g/L，后者为 90～143 g/L，其次是 Ca^{2+} 的含量在 8～20 g/L，Sr^{2+} 的含量 1.5～3.5 g/L。主要化学成分有：钠、氯、钙、镁、钾。微量元素成分有：碘、溴、锂、铁、钡、氟等，其中碘、溴、锂较丰富。

4.2.3.2　深层卤水化学类型及其特征

根据提卤试验井和多口油田生产井卤水化验资料，东营深层卤水为氯化物型原生卤水。水化学类型为氯化钠型。不同层位卤水，其化学组成及特征有所差异。

沙河街二段含水岩组，高矿化度卤水集中分布于西城一带，其化学组成受沙三段卤水影响，主要离子中 Cl^-、Na^+ 含量最高，Ca^{2+} 次之。

沙河街三段含水岩组，水化学类型为 Na-Cl 型，Cl^- 含量 90～130 g/L，Na^+ 含量 45～65 g/L，Ca^{2+} 含量也较高，达到了 8～12 g/L。卤水矿化度较稳定在 150~210 g/L，pH 值 5.5~6.5，呈弱酸性。

沙河街四段含水岩组，受其成因和埋藏条件的影响，不同区域化学组成变化较大，Cl^- 含量 60~150 g/L，Na^+ 含量 35~70 g/L，Ca^{2+} 含量达到了 3~20 g/L。卤水矿化度 100~250 g/L，pH 值 5.9~6.6，呈弱酸性。

4.3　海洋盐卤与内陆古卤水的对比分析

卤水盐矿是液相蒸发盐矿床，从滨海到内陆均有分布。其生成时代，由古老的地质时期到第四纪时期及现代均有生成；就赋存状态看，有地表卤水，也有处于埋藏状态的地下卤水。在沿海地区地下卤水以液态矿床出现，来源于海水，埋藏于地表以下，而内陆盐湖多以固相盐类沉积为主，亦有湖表卤水和埋藏卤水，其来源为多渠道，因此滨海卤水和内陆卤水的水化学组分也存在差异性。

4.3.1　滨海与内陆卤水来源分析

如前所述，海水相对于地球来说是与生俱来的，而盐分相对于海水来说也是与生俱来的，而且海水中盐类组分的比值几乎是固定不变的，海水的盐度总体上也是固定不变的，因此，概括地说，地球上所有卤水中盐类组分的最初来源应该是海洋。但具体到特定地区的盐卤矿藏又是复杂的地质演化过程、气候演化过程以及海陆变迁过程的综合反映。

4.3.1.1　滨海卤水来源

滨海地下卤水生储过程与机制可简述为：海水/潮滩→蒸发浆缩→下渗聚集→卤水/潮滩→海陆变迁埋藏→地下卤水。潮滩环境生成的地下卤水其形成的物理过程是潮滩沉积物中存留海水，在退潮期间通过强烈的水-气界面蒸发和毛细管蒸腾作用，海水浓缩；当超咸海水密度大于正常海水密度时，超咸海水下渗，储存于更深部的沉积物中，涨潮时新的海水又给予补充……如此周而复始，不断蒸发、浓缩、下渗，最终便在潮滩沉积物中聚集超咸卤水。卤水生成后的潮滩不断接受陆源入海泥沙堆积成陆，为超咸海水提供进一步蒸发浓缩的场所，成为高浓度卤水的生成阶段。渤海沿岸的堆积淤涨型潮滩，为卤水的生成和储藏提供了最佳地质地貌环境。海侵时期的海退阶段，成为生卤聚盐期；海退成陆期，陆相沉积物掩埋了前期卤水层即成为地下卤水。如此几次大规模的海陆变迁，即形成海相卤水层与陆相隔水层的韵率程序，这就是滨海地下卤水形成的全过程。

理论上若 Cl/Br 值接近 300，属海水派生水；若 rNa/rCl<0.85，为变质封存水。莱州湾滨海平原地下卤水 Cl/Br 值为 294，且 rNa/rCl = 0.837 < 0.85。故莱州湾滨海平原地下卤水与变质封存海水具有亲缘关系。

4.3.1.2 内陆古卤水的来源

以四川西南地区三叠系中、下统黑卤的形成过程为例，四川盆地在整个早、中三叠世经历了多次海侵和海退，在湖相蓄水盆地中的沉积物包含着一定数量的海水，可以认为是该沉积层中的原生沉积水，是四川盆地卤水的最初来源，中三叠世末，整个四川盆地几乎露出海面，沉积层中的原生卤水与古淋滤水发生混合。故可以认为古淋滤水是四川盆地地下卤水的另一个来源（焦超颖等，1994）。四川某富矿卤水 nNa/nCl 为 0.71，Cl/Br 为 82.94，由此表明该卤水为沉积变质卤水，源于海成沉积水衍生而来（表 4.18）。

表 4.18 判别卤水成因和编制强度的系数模式

水　型	nNa/nCl	Cl/Br
四川盆地某富矿卤水	0.71	82.94
岩盐溶滤卤水	0.87~0.99	1 200~12 000
海成沉积水	≈0.87	≈300
沉积变质卤水	<0.87	<300

资料来源：汪蕴璞和王焕夫，1982

4.3.2 滨海与内陆地下卤水水质对比分析

地下卤水的水质类型按照舒卡列夫分类，为 Cl-Na 型水，与海水化学类型一致。区别于以古海水为主沉积变质的氯化物型卤水，和以盐湖水为主的沉积变质的硫酸盐、氯化物、碳酸盐型卤水。海水 11 种元素为主要成分，它们在海水中的主要存在形式为：Na^+、K^+、Ca^{2+}、Mg^{2+}、Sr^{2+}、Cl^-、Br^-、F^-、SO_4^{2-}、HCO_3^-、（CO_3^{2-}）、H_3BO_3。这些成分占海水总盐分的 99.9%。正常海水中的离子含量固定次序为 $Na^+ + K^+ > Mg^{2+} > Ca^{2+}$，$Cl^- > SO_4^{2-} > HCO_3^- + CO_3^{2-}$。莱州湾海水经自然蒸发浓缩至 14.59°Bé 时，主要离子含量次序不变。15℃水温时，13.50~14.73°Bé 的地下卤水主要元素离子含量次序

为 $Cl^->Na^+>Mg^{2+}>SO_4^{2-}$，$Na^+>Mg^{2+}>Ca^{2+}$，$Cl^->SO_4^{2-}>Br^-$，与正常海水和莱州湾浓缩海水基本一致。

第四纪滨海相地下卤水，与第四纪以前地质时期形成的滨海相深层地下卤水对比，存在许多差异。在这里古卤水选择了渤海西岸第三系东营地下卤水，四川盆地三叠系黄卤及黑卤，与美国安纳达科盆地的石炭系卤水进行分析。其中，东营卤水初步认为是生存于滨海湖盆洼地中，卤水来源受到海水入侵影响，卤水性质与海水有关。而且分布区域与第四纪卤水一致，只是上、下层位不同。这几种卤水虽然均来源于海水或与海水关系密切，但是它们的化学组成及主要特征，因生存区域环境、时代等不同，各自与海水对比，存在许多差异；它们之间也存在显著差别。主要元素绝对含量，随着它们生存时代由新到老，差别愈来愈大；不同元素含量亦不一样；特别是稀有元素差别更大。石炭系高浓度卤水中的溴、碘、钡、锶、锂等含量，高于海水和其他几种卤水的几十倍至千倍。三叠系卤水中的稀有元素含量，则低于海水及其他卤水。第三系卤水中溴、碘、锂、锶高于海水及第四系卤水 10 倍以上，溴含量二者相近，第四系卤水含量相对接近于海水。在内陆沉积盆地深部水交替强阻滞，常生存有高矿化度的氯化物-钠-钙水。如安加拉-勒拿盆地，随着矿化度增大，大部分宏量组分随之增高，有的元素含量增长速度超过了含盐量的提高。统计结果，当矿化度增大 6.1 倍时，溴含量增长 187 倍，钾增长 135 倍，溴增长 70 倍，镁增长 35 倍。SO_4^{2-} 含量相反减小了 52 倍。各种地下卤水的 pH 值比较接近，均低于海水，属中性水。水温差异大，深层卤水温度大于 30℃，属于温水-热水型，第四纪卤水为冷水型。主要离子比值对比 rNa^+/rCl^- 相对比较接近，Na^+/Mg^{2+} 及 Ca^{2+}/Mg^{2+} 差别较大。Cl^-/Br^- 第四系卤水、黑卤及石炭系卤水低浓度卤水近似；东营卤水、黄卤与石炭系高浓度卤水与海水差异也很大。水质化学类型对比，均为或有一部分为 Cl-Na 型，但深层卤水又有 Cl-Na；Cl-Na, Ca 型，还有少部分 Cl-Na, Ca；Cl-Na, Ca, Mg 型等。反映深层古卤水的后期化学变质作用强烈。相反，它们各自保存或残留着的某些化学特征与海水相似或者相近，正是它们与海水具有亲缘关系的表征。与上述几种地下卤水的化学特征对比，也反映海相卤水生成后，随着埋藏历史的延伸，各种水文地质环境因素的影响，其化学特征不可避免发生变化。然而，浅层第四系地下卤水则保存着它原生原相的地球化学特征（表 4.19）。

表4.19 滨海卤水与内陆卤水化学特征对比

项目		正常海水	莱州湾沿岸浅层卤水（第四系）		东营凹陷深层卤水（第三系）	四川盆地深层卤水（三叠系）		美国安纳达科盆地（石炭系）	
			潜水	承压水	沙四盐水层	黄卤	黑卤	低浓度	高浓度
主要元素/(mg·L⁻¹)	K^+	387.00	789.20	937.00	9 630	150~450	1 700~2 800	7	1 800
	Na^+	10 760.00	25 600.00	40 785.00	48 500	30 000~54 000	59 000~87 000	2 200	8 400
	Ca^{2+}	413.00	793.50	1 101.75	33 200	2 500~900	2 000~7 000	600	3 400
	Mg^{2+}	1 294.00	3 058.00	5 427.00	96	600~1 800	500~1 300	0	1 100
	Li^+	0.17			13	15~50	55~90	1	30
	Sr^{2+}	8.00	12.50	14.50	143	220~660	40~160	0	3 400
	Ba^{2+}	0.021			0	100~2 500	0	0	600
	Cl^-	19 353.00	46 455.00	75 020.00	188 900	50 000~100 000	105 000~145 000	7 500	182 000
	SO_4^{2-}	2 712.00	5 095.50	8 252.50	161	0	800~3 000	0	1 700
	HCO_3^-		343.25	498.85	0	20~180	200~820	0	700
	Br^-	67.0	218.00	315.30	309	400~760	520~760	30	1 800
	I^-	0.64	0.089 5	0.174	40	7~20	14~18	8	1400
	B^{3-}	4.45	7.20	4.20		20~220	150~2 250	1	240
pH值		8.0	7.20	4.20		20~220	150~2 250	1	240
矿化度/（g·L⁻¹）		35	50~120	50~200	281.8	100 000~160 000			
浓度/°Bé		3.50	7.25	14.50	25.56				

续表

项目		正常海水	莱州湾沿岸浅层卤水（第四系）		东营凹陷深层卤水（第三系）	四川盆地深层卤水（三叠系）		美国安纳达科盆地（石炭系）	
			潜水	承压水	沙四盐水层	黄卤	黑卤	低浓度	高浓度
水温/℃			14.50	15.50		29 000~34 000	29~34		
主要离子比值	rNa^+/rCl^-	0.859	0.85	0.64	0.396	800~870	0.87~0.95	0.45	0.71
	Cl^-/Br^-	288.82	213.11	237.92	611	100 000~130 000	170~220	250	101.11
	Na^+/Mg^{2+}	8.315	8.37	7.52	505	50 000~30 000	118~67	220	76.36
	Ca^{2+}/Mg^{2+}	0.319	0.26	0.20	346	3 400~5 000	3.2~4.4	600	3.09
水化学类型		Cl–Na 型	Cl–Na 型		Cl–Na 型 / Cl–Na, Ca 型	Cl–Na 型 / Cl–Na, Ca 型		Cl–Na 型 / Cl–Na, Ca 型	
成因类型			海源海相沉积卤水		海源陆相变质沉积卤水	海源陆相变质沉积卤水	海源海相变质沉积卤水	海源海相变质沉积卤水	

资料来源：韩有松等，1996.

由表 4.20 可见，各区地下卤水的主要离子（Na^+、K^+、Ca^{2+}、Mg^{2+}、Cl^-、HCO_3^-、SO_4^{2-}），与海水相比较，相对含量各有增减。各区地下水均为 NaCl 型水。

表 4.20　滨海地下卤水与内陆地下卤水阴阳离子含量　　　　　　%

类型		阳离子			阴离子		
		$Na^+ + K^+$	Ca^{2+}	Mg^{2+}	Cl^-	SO_4^{2-}	HCO_3^-
莱州湾卤水		78.5	1.7	19.8	92.5	7.2	0.03
渤海湾卤水		71.4	5.1	23.5	88.3	10.7	1.0
盐湖晶间卤水		92.0	0.1	7.9	87.0	12.9	0.1
四川卤水	黑卤	95.0	4.0	1.0	99.3	0.7	0.0
	黄卤	88.0	9.0	3.0	100.0	0.0	0.0
正常海水		78.6	3.47	17.92	90.3	9.3	0.4

资料来源：汪蕴璞和王焕夫，1982

4.4　地下卤水资源的开发利用

由于地下卤水资源是一种比较特殊的资源，在地球上分布区域和范围不广，储藏容量不大，同时加上卤水资源自身带有的特性，因此，人们对它的了解和认知，并不像石油、煤炭和天然气等这些矿产资源那样普遍和深入。同时，目前国内外对地下卤水的研究，一般也是从工艺技术角度上进行开发利用的居多，特别是进行地下卤水所含元素的提取以及化工合成等方面的技术研究，可以说目前已经比较成熟。比如，通过一定的技术方法，从卤水中提取钾、钠、镁、铝、钙、溴等元素及其化合物，目前国内外不仅拥有非常成熟的工艺技术，并且得到了广泛应用，不少已经形成了产业规模。以潍坊当地的山东海化集团为例，在海洋卤水的开发利用上，探索出了在闭路系统内循环利用的"一水六用"模式，并在此基础上，积极开展卤水产品的精深加工，延伸形成了上下游产品配套衔接、资源充分利用的几大产业链条。山东默锐科技有限公司利用当地优势的地下卤水资源，开发了一系列产品包括金属钠、溴系/磷系/无卤阻燃剂、氯氟系医药农药中间体等三大品类十几个品种。很多相关研究机构也从技术开发和综合利用等角度，在地下卤水资源的开发、综合利用、精深加工、提高效率等方面进行了探索和研究。

地下卤水中含有大量的常量元素和微量元素，从目前的开发利用现状来看还处于较低的水平，已经工业化规模生产的则仅有几种——氯化钠、氯化镁、硫酸镁、氯化钾、溴等。地下卤水作为滨海地区一种重要的矿产资源，应该说，其可持续开发利用的程度将会直接影响当地经济的长远和持续发展。近几年，依靠地下卤水资源这一先天的优势，潍坊北部沿海地区经济发展的速度比较快，但是，要实现地下卤水资源的科学合理开发和高效综合利用，充分发掘其存在的经济价值，实现经济价值最大化，还有很长的路要走。要认真研究卤水资源梯次开发和深层次利用问题，通过大力拓展卤水利用产业链条，进一步提高产品附加值，最大限度地挖掘地下卤水经济价值。在卤水资源开发中大力采用新技术新方法，特别是当今社会科技发展日新月异，科技创新是社会技术进步的源泉，是盐卤化工产业发展的动力。在开发利用卤水资源的同时，认真研究解决地下卤水开发利用带来的环境污染问题，积极关注社会效益和环境效益。

参考文献

韩有松，孟广兰，王少青．1996．中国北方沿海第四纪地下卤水．北京：科学出版社，1-193．

韩有松，吴洪发．1982．莱州湾滨海平原地下卤水成因初探．地质论评，28（2）：126-131．

焦超颖，何远胜，张昊．1994．沿海与内陆地下卤水对比分析．青岛海洋大学学报，12：77-80．

康兴伦，程作联．1990．山东渤海沿岸地下卤水的成分研究．海洋通报，9（6）：25-29．

汪蕴璞，王焕夫．1982．深层卤水形成问题及研究方法．北京：地质出版社，68-69．

王大纯，张人权，史毅虹，等．1995．水文地质学基础．北京：地质出版社，60-61．

杨巧凤，王瑞久，徐素宁，等．2016．莱州湾南岸卤水的稳定同位素与地球化学特征．地质论评，62（2）：343-352．

张永祥，薛禹群，陈鸿汉．1996．莱州湾南岸晚更新世后地层中沉积海水的特征及其形成环境．海洋学报，18（6）：61-68．

张祖陆,彭利民.1998.莱州湾东、南沿岸海(咸)水入侵的地下水水化学特征.中国环境科学,18(2):121-125.

周仲怀,徐丽君,刘兴俊.1990.莱州湾沿岸地下浓缩海水微量元素地球化学异常及其成因研究.海洋与湖沼,21(6):585-587.

邹祖光,张东生,谭志容.2008.山东省地下卤水资源及开发利用现状分析.地质调查与研究,31(3):214-221.

第 5 章 海洋盐卤与人体健康

对地球来说，海洋是生命的摇篮，大气的襁褓，风雨的温床，资源的宝藏。对人类来说，海洋是航运的通道，商贸的窗口，经济的依托，食品的保障。只有海洋自身健康，才能有效地服务人类健康；也只有人类有效地呵护海洋，才能保障海洋健康。因此二者是互为因果，相辅相成的统一体。

当前，近海生态环境脆弱，近海渔业资源枯竭、河口港湾酸化严重，这些都导致海洋健康受到严重威胁，从而对人类健康产生了重要影响。譬如说，几乎全球海洋的每一个角落都不同程度地受到"微塑料"的困扰。人类在不经意间每年把上千万吨塑料投入海洋，经过海洋的自然粉碎，变成了微塑料。不管是滤食性还是掠食性，不管是草食性还是肉食性海洋动物都难逃食用微塑料的厄运，而人类又离不开海洋食品，因此形成了"鱼吃塑料，人吃鱼"的恶性循环。最终是人类自食其果，既破坏了海洋健康，又损害了人类自身的健康。

21 世纪是崇尚健康的时代，也是健康产业大发展的时代。"小康不小康，关键看健康"，中华民族在实现伟大复兴的征途上，更加注重国民健康，正在打造"健康中国"。而呵护海洋健康、打造健康海洋就是打造"健康中国"的重要基础。

盐是身体必需的无机矿物质，是一种永恒的药物（田宗伟等，2012）。身体需求量最大的无机元素，依次是钠、钾、钙和镁，这恰恰是海盐的主要元素成分。

钠能同时满足体细胞内外的液体渗透，保证体内液体环境的平衡，对大脑行使正常功能极为重要（田宗伟等，2012）。钾、钙、镁和锌，是调节细胞内部水分平衡的主要元素。这些成分能够使体细胞内部的液体处于渗透平衡和正常运转状态。

对于所有动物而言，特别是人类，盐都是一种重要物质，也是一种重要"药物"。在某些国家的历史上，盐和黄金一样贵重。尤其是在沙漠国家，盐更是价值连城。因为生活实践告诉人们，盐对身体健康非常重要，长期缺盐会对生命造成巨大威胁。

水、钠和钾的共同作用，不但可以调节身体的水分，而且可以调节细胞内的水量，并且清洗细胞，排出细胞代谢产生的有毒废物（田宗伟等，2012）。一旦进入细胞后，钾元素就会附着在水分子上面，在细胞内部保存下来。

从本质上来说，身体具有体细胞内和体细胞外两种水分系统。良好的健康取决于这两个系统的水量是否达到最佳的平衡状态。这种平衡状态，是通过摄取水、盐、富含钾元素和矿物质的蔬菜和水果来实现的。未经提纯的盐，含有身体需要的其他矿物质，更应成为生活的优先选择，而眼下食用的"精盐"由于氯化钠含量接近百分之百，造成了身体内"一钠独大"，破坏了细胞的元素平衡，特别是破坏了钾/钠配比，对身体免疫能力造成了巨大影响。

5.1 海盐的天然健康特性

随着人类向海洋进军的征程，人们认知海洋、开发海洋的程度不断加深，海洋盐卤资源的一系列健康特性不断为人们在实践中所掌握，自然界的无机盐与人类健康建立了紧密联系，海盐对人类健康的重要作用日益得以重视。尽管迄今为止，定量化研究程度远远不够，但人们在生活实践中认识到，海盐具有杀菌、抗毒、阻燃、电磁屏蔽、蛋白质凝固、固化粉尘等一系列天然健康特性（图 5.1）。

5.1.1 关于盐的抑菌特性

千百年来的常识告诉我们，盐具有明显的抑菌、杀菌作用。在海水里作业，轻微划伤，一般不处理也不会发炎感染，甚至一些外皮表面的炎症到海水里洗洗就自动痊愈了。关于盐的杀菌机理众说纷纭，特别是关于到底是钠离子、氯离子在发挥作用，还是其他盐类元素的综合作用，尚缺乏公认的系统性定论，但对盐能抑菌、杀菌的事实认可度较高。海洋中具有

图 5.1　原盐生产现场

资料来源：百度网，2018

庞大的菌群体系，构成了海洋微生态系统的主体，但相对陆地上来说，对人体的致病菌不多。特别是生活中常见的大肠杆菌、葡萄球菌、酵母菌等，除近岸陆源外，海洋中较少。海洋中的菌类总体上具有嗜盐性、嗜压性和嗜冷性，与陆地自来水的菌群明显不同。这也从另一个侧面反映了盐对致病菌群的抑制作用。

5.1.2　关于盐的抗病毒特性

病毒是非细胞形态、半生命状态的特殊微生物，迄今在世界范围内没有特效药物能杀死离开宿主的病毒。因此，不可能期寄盐能有效地直接杀死病毒，但海洋里的"盐分"确实表现出一定的"抗毒"作用。① 海洋是病毒之家，病毒起源于海洋。海洋中的病毒面大量广，可能有上百万种（图 5.2），迄今人们认知了约 20 万种，但海洋中的病毒绝大多数对人体无害，对人体致病的病毒，就种群数量来说，可能只有病毒总量的万分之一；② 海洋中大量的动物、植物，特别容易引起人类关注的大型经济动物和经济植物，很少产生因病毒造成的病害和"瘟疫"，偶尔发生的病毒病害一般限于人工养殖的密集区，而且若干年来，有害病毒比较单一。例如，对虾白斑杆状病毒，养殖鱼类虹彩病毒。而陆地上的养殖动植物则需要常态化的打针吃药，还经常产生"禽流感""猪瘟""蓝耳病"等流行性病毒疾病；③ 海洋中的动物一般来说，不但是优质蛋白，而且抗药性非常差。一瓶眼药水的剂量可能会毒死满池子的鱼，而同样的药用在一头猪或一只鸡身上却几乎没有反应。这一切说明，以"盐"为基础的海水环境确实具有一定的抗病毒作用。

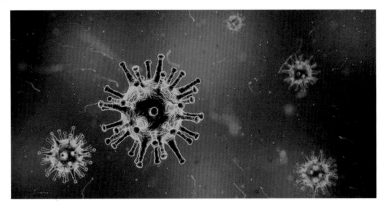

图 5.2　海洋中的病毒

资料来源：百度网，2019

5.1.3　关于盐的阻燃特性

目前工业生产的阻燃剂主要来自盐化工企业，无机盐是阻燃剂的主要原材料，因此对无机盐的阻燃特性无须赘述。在此需要说明的是海洋植物的天然阻燃特性。自古水火不相容，这是几千年来的生活常识，海洋植物的确大都天然阻燃，巨型海藻在海洋中就是固着在海底礁石上的参天大树，有些高达几百米，当到陆地上，不管晒得多干，还是很难点燃。即便海带变成了白色的海藻纤维，也表现出明显的阻燃特性。这一切说到底是"盐"在起作用。盐的天然阻燃特性对开发健康产品、阻燃材料和消防用品意义重大。

5.1.4　关于盐的电磁屏蔽特性

迄今为止，在世界范围内，海洋工程装备、海洋调查探测装备、海洋国防军工装备以及水下作业的各种设施遇到的共性核心技术，概括起来，主要是三大难题，耐压、密封和信号传输。以电磁波为基础的无线电信号在海平面之下基本失灵，造成了全球性的技术难题。譬如，号称覆盖全球每一个角落的卫星定位传输技术，实际上覆盖地球表面不过 20% 左右，因为对占地球表面积 70.8% 的海洋，在水下 10 m 就束手无策。手机信号、雷达信号、光电信号，在水下统统屏蔽，只能靠以"声波"为基础的声呐设备来完成信号传输任务。众所周知，声波传输速度慢、抗干扰能力差、消耗能量大、传播距离近、信号处理复杂，这一切都是因为海水的电磁屏蔽特性。但从另一方面看，又给人类健康带来了可利用的重要价值，譬如：抗静电、抗电磁辐射，恰恰是当下电磁波充斥每一寸空间的新时代最需要的健康产品。以海洋为源地的健康材料，譬如：海藻纤维，极有可能利用其抗电磁辐射特性开发抗静电、抗电磁辐射、抗反射污染的产品，使一些敏感人群和一些敏感岗位得到有效防护，从而提升国人的健康水平。

5.1.5　关于盐的凝固特性

生活实践证明，盐能加剧蛋白质凝固。俗话说的"卤水霑豆腐，一物降一物"就是盐卤凝固蛋白质的典型例子。今天沿海居民干脆直接生产"海水豆腐"，味道更鲜美。过去渔船出海打鱼，为了节约成本，节省时间，在没有冷藏储存设施的情况下，一是装"冰"；二是装"盐"。冰是为了降温，盐是为了腌鱼，腌咸了的鱼不容易变质，可以较长时间保存。这实际上就是利用了盐的蛋白质凝固特性。熟悉盐碱地的人都知道，白茫茫的盐碱地除了几种耐盐植物外几乎寸草不生，而且经过太阳暴晒，土地非常松软，能踩出很深的脚印，遇到大风容易尘土飞扬，但是用浓度高的卤水浇灌后，马上会固结形成坚硬的马路。有过盐场晒盐工作经历的人都知道，盐池的围堰，经日晒雨淋会龟裂翘起，变成了"飞堰"，但对其泼洒高浓度卤水后，用小小的木质扁夯稍加拍打，就会完好如初。此外，盐卤池底部粗糙的红褐色泥土经过几年的盐卤浸泡就如同以色列的死海海底，变成了黑色、细腻、光滑的"死海软泥"，涂抹全身或做成化妆品，就带来了重要的健康意义和经济价值。凡此种种，都体现了盐的凝固特性，也表现了凝固特性的健康价值。

5.2　海盐与生命

（1）生命起源于海洋，而不是形成于淡水湖泊。与其说水是生命之源，倒不如说盐是真正的生命之源。至于第一个生命是如何诞生的，仍然是迄今为止溯源研究中最重要的科学问题，也是最重要的哲学问题，更是既无法证实也难以"证伪"的自然与社会的共同问题。

因为生命的起源与地球的起源密切关联，尽管中外学者利用各种方法，天文的、地质的、物理的、化学的各种探测分析手段，特别是同位素测年，最后取得比较公认的看法，我们生活的地球大概形成于距今 45 亿年前，但毕竟还是"假说"，因为没有办法通过实验来定量化重演地球的形成演化历史。依此类推，海水的起源、生命的起源也仍然处于"假说"水平。不过如前所述，海水相对于地球来说与生俱来，海水也就有了至少 45 亿年的演化历史。根据化石研究和海水同位素测年等不同方法，科技界基本认为，起源于原始海洋中的最原始的生命可能出现在距今 40 亿年前后。

所谓生命的起源首先是要具有构成生命所必需的物质基础；其次是具备适合生命存在的自然环境。恰恰海洋能满足这两个基本条件。因为海洋中拥有通常所说的生命元素！譬如：氧、氢、碳、氮、磷、硫，恰恰这些元素是海洋中的常量元素，而且海水与人体的常量元素配比基本一致！目前，蕴藏于海洋中的 80 多种元素已得以测定，包括人体中的金属元素和其他微量元素在内，在海水中都能找到对应的含量。这就有力地说明了生命起源于海洋的物质基础，而陆地上的江河湖泊不具备这样的基本条件。这一切关键是"盐"的存在，盐代表了生命元素！而淡水中没有这些元素。因此与其说生命源于水，倒不如说生命源于"盐"。由此可见，水和盐是生态环境的第一需要。

（2）适合生命存在发育的自然条件，就是有机氧和有机碳。水是氢和氧的化合物，海水中存在大量的"氧"离子，但不能满足用肺呼吸的动物需要。岩石泥土中含有大量的"碳"，但属无机碳，不能直接构成生命的有机碳链大分子。这其中的转化就依赖海洋中原始的低等生命，包括病毒、细菌、微型藻类的共同作用。譬如，海洋聚球藻是海洋中面大量广的原始微型藻类，几乎包揽了全球约 1/4 的光合作用。但对海洋聚球藻的 DNA 分析表明（刘旸，2019），其捕捉光子的蛋白编码基因源于病毒。同时科学家也在海洋中发现了携带光合作用基因的自由漂浮病毒（姜莉和李奇涵，2006）。由此可推测，病毒可能创造了光合作用，缔造了原始的生态环境。

（3）海洋是生命的发源地，也是生物多样性的聚宝盆。海洋中起码聚集了地球上 80% 以上的生物种属，地球上形体最大的动物在海洋中；最高大的植物也在海洋中；寿命最长的生物在海洋中；最极端、最密集、最微小的古菌群落也在海洋中。靠太阳生长的生物生活在浅海表层；不靠太阳生存的"热液生物"生活在深海底部。只可惜迄今人们对海洋生物的调查认知还非常肤浅，大多数海洋生物对人类来说还处于未知的"神秘世界"。

5.3　海盐与微生物

"盐"是构成生命的主要元素来源。随着地下深处和深海极端环境中"耐盐"生命群落的大量发现和深海热液生物群的研究（李乃胜和徐兴永，2020），生命与"盐"的关系更加密切。那么海洋中的盐，或许就是造就原始地球上"生命胚胎"的重要载体。因此，探寻盐与微生物起源的关系，对于揭开生命奥秘具有重要的科学意义。

海洋中的各类微生物，种类繁多，生物量非常巨大。譬如，赤潮、绿潮和金潮等，主要是微型藻类或者菌类，其密度之大能使偌大面积的海水改变颜色。海洋微型藻类可能是海洋初级生产力的主要贡献者。但海洋微生物在各个海域变化较大，迥然不同。但无机盐，特别是金属阳离子含量，在各个海区基本恒定不变。35 的盐度是全球标准海水的恒定盐度值，只是近岸地区受陆地冲淡水影响，盐度有所减低。作为人体，有机质的肉体重量可大可小，人体可胖可瘦，但 11 的盐度基本恒定，这就是生理盐水的标准。如果较多的高于或低于这一标准，人体的各个器官就难以正常运转，体内的各种生物膜就难以承受，如果渗透压差太大，可能会击穿生物膜而造成"大出血"，就会给健康带来很大的威胁。

如果追根溯源，原始的生命最早出现在原始的海洋中。而海洋中的生命出现演化，肯定是由简单到复杂、由低级到高级。由此推论，海洋中最原始的生命现象可能是病毒的出现。所谓"最原始"是指病毒可能在"天地玄黄、宇宙洪荒"的时候就出现了，可以认为它是生命的端点，是生命演化的起点。如前所述，我们生活的地球形成于距今 45 亿年前，这一结果已得到世界地质学家的公认。病毒可能在距今 40 亿年前后就出现在古老的原始海洋中。相对于人类出现不超过 400 万年来说，人类简直太年轻了，病毒的出现在时间尺度上可能比人类至少早 1000 倍！

根据目前的研究，作为推测，只能说病毒起源于原始的海洋中（刘旸，2019）。因为海水相对于地球来说与生俱来，40 亿年前的地球表面可能没有陆地，只有一个"泛大洋"，那时的地球是真正的"水球"。所谓"泛大陆"，包括"冈瓦纳古陆""劳雅古陆"等陆地的出现，可能都是后来的事情。

根据目前的研究水平和认知能力，在病毒出现之前地球上应该不可能有任何生命痕迹。因此，病毒是生命与非生命之间的界限，是无机碳转为有机碳的起始点，是无机碳进入生物圈的标志，是地球上一切生命的祖先。因此，病毒的出现可能是地球演化史上最重要的里程碑。病毒把无机物的原始地球罩上了有机物的"生物圈"。

1986 年，美国纽约州立大学的研究人员发现，每升海水中竟含有多达 1 000 亿个病毒颗粒（刘旸，2019）。2019 年，一个国际小组对海洋中病毒生态群落进行了较大规模调查，鉴别出了近 20 万种海洋病毒，而且发现病毒多样性的热点在北冰洋（唐凤，2019）。

5.4 海盐服务人类健康

对于健康二字，人们耳熟能详，但具体能说清楚什么是"健康"并不容易。对于个体的健康来说，身体与精神正常，周身器官发育无明显异常，适应环境变化能力强，就大致可谓"健康"。但对一个地区、一个社会阶层，甚至一个国家的人群整体是否健康，就很难用几个数字来定量地表达清楚，就跟幸福指数一样，首先对何为"幸福"的理解就千差万别，故仅用一两个数字就很难简单地定义"幸福"。随着社会的进步，今天的"健康"对一个人来说已成为压倒一切的指标。俗话说：爱妻，爱子，爱家庭，不爱身体等于零；有钱，有权，有名声，没有健康全是空。但对于一个国家来说，公民的健康水平是通过人均寿命来体现，还是用高质量的生活水准来衡量？健康到底是社会公益事业还是经济产业？今天的医院到底是救死扶伤的公益事业部门，还是追求利益最大化的医疗产业集团？在经济迅速发展，人民生活水平大幅度提高的今天，该如何发展健康事业？如何推进健康产业？对这些问题，从指导思想到战略定位都需要进一步深入研究。

5.4.1 盐在健康链条中具有重要作用

国民健康不管是作为一项伟大的事业，还是一个新型的产业集群，作为事关国民基本身体素质的特殊行业，有着特殊的发展链条和特殊的发展规律。如果把发展的目光仅仅聚焦在"治病"和"养病"上，显然是亡羊补牢，治标不治本，甚至是"拣芝麻漏西瓜"的细枝末节，仅仅靠医院治病来提高全民族的健康水平，显然是不切实际的，也不符合现在的中国国情。如果在缺医少药的年代，发展医院当然是首当其冲。但今天，我国的医院大楼规模、医疗设施水平、医护人员总量几乎是全世界第一，全世界最新款、最昂贵的医疗设备几乎全在中国的医院里，可惜国产化程度非常低。中国的大医院现在几乎是全世界顶尖医疗设备的博览会和应用超市，但据有些医学界专家估算，我们的医院对国民健康的贡献率充其量不超过 8%。而且现在的医院治病首先依靠的是各种以"声、光、电、热、放、磁"为基本原理的检查、治疗、手术等医疗设备；其次依靠各类药物及医用材料。恰恰这两大"依靠"都不是医生的专业特长，医院充其量是个医疗仪器设备大的用户群，而医护人员往往变成了仪器设备的"操作员"，而操作员往往容易只相信仪器的检测结果，并不理解检测结果的相对性和多解性，因为仪器只能根据设定的原理指标和自身的检测精度给出检测结果，仪器本身并不会看病，更不会多方位地全面思考。

那么，如何真正提高全民族的健康水平呢？古人所言的"不治已病治未病"不无道理。也就是说无病防病是关键，等到有病治病基本上属于亡羊补牢。

（1）我们习以为常的有病治病。生了病对病人来说别无选择，只有去医院看病。但怎么治？对医院来说有多种选择，可能对有些病来说，"不治疗"是最好的治疗！古人云："药能医假病，酒不解真愁"。而眼下滥用药物，过度治疗，特别是滥用抗生素和合成药，不但没治好病，反而极大地提高了人体的抗药性，大大降低了医疗效果和健康水平。君不见对于令人谈虎色变的癌症，外科惯于"割肉"，内科擅长"下毒"，放射科忙着"照射"，再加上动辄上万元的进口药，往往是癌细胞不至于那么快把人折腾死，但医院却不经意间做到了。另外，中国的医生群体就人数来说，全世界绝对第一，堪称一个庞大的社会阶层，但与农民队伍相比，其人均寿命并不高；而且医生的孩子与农民的孩子相比，身体素质也不强。这就带来了发人深省的问题，优越的医疗条件并不能带来身体健康，有可能适得其反。

如果有病不能痊愈留下了无法治愈的"后遗症"，或者先天性残疾，或者因年老体衰使生物器官退行性病变以至于不可能修复，就只能靠"康养"了。这是没有办法的办法，是不得已而为之的办法。因为一旦转入了"康复阶段"，实际上是"死马当活马医"的阶段，主目标已不再是提高健康水平，而是努力减少痛苦，努力增加生命尊严，努力延长寿命。我国已进入"老龄化"社会，大量的老年人都不同程度地患有各类"老年病"，也是医院无能为力的事。因此，康复环节是面大量广的末端健康事业，是眼下的当务之急，也是关系社会安定的重大可持续发展问题。但实属提高健康水平的无奈之举。因此，不能靠发展康养事业来提高健康水平，也不能靠康养事业来提高生活质量。

（2）看无病防病，不治"已病"治"未病"。这是中医的精华所在，也是老祖宗对人类健康事业的杰出贡献，是提高中华民族健康水平的关键之举！防病的关键是提高自身的免疫功能，防病与治病的根本区别就是由被动应付变成主动出击。当年的牛痘疫苗就是成功的例子，一个小小的牛痘疫苗，几乎拯救了全人类，使人类的平均寿命提高了 10 年以上。"药食同源"代替"病从口入"，是防病的另一个重要内容。防病相对于"治病"来说，在健康意识上已经大大提高了一个档次，是当下提升国民健康水平的重要环节。可惜的是迄今为止不少人防病意识欠缺，对有害的生活环境、错误的生活习惯、不良的饮食方式视而不见，听而不闻，甚至屡教不改，慢慢地习惯成自然，等到出现"症状"了就为时已晚，因为已经不得不从防病变成"治病"了。

（3）精神健康是"防病"的基础，也是提升免疫功能的核心。古人早就知道"笑一笑，十年少；愁一愁，白了头"，俗话也说"气气恼恼成了病，嘻嘻哈哈活了命"。这些话很难进行科学的定量实验和检测，但的确是千百年社会经验的结晶，充分说明古人早就认识到精神对健康的特殊作用。大家都知道，当年三国周郎赤壁，大战在即，周都督卧床不起，急坏了全国名医，但都束手无策。而诸葛亮简单地一句话，"万事俱备，只欠东风"，就使周瑜一轱辘翻身下床，直奔中军大帐。故事当然会有很多演绎，但心病心治是基本道理。人们普遍都有过心情不好就食欲不振的经历，这是基本事实。日前，据中国科学报报道（刁雯蕙，2020），深圳先进技术研究院与中国航天员科研培训中心联合攻关，试图解决航天员太空生活造成骨密度下降问题。他们惊奇地发现，造成航天员钙流失的主要原因不是人云亦云的"太空失重"，而是封闭空间造成的"精神焦虑"！而且通过小鼠、人体实验所证实，并创新性地找到了一条全新神经循环路线，揭示了因精神焦虑造成钙流失的神经机制。所以说保持精神爽快，心态乐观是不生病的前提。因此，精神健康带来免疫系统的健康可能是"规律性"的命题，而免疫系统健康是"不生病"的关键。故说到底，对于无病防病来说，精神是基础。

但精神是否愉快因人而异、因事而异。著名的"半杯水"理论说明，同样是半杯水，有人感觉非常满足，非常感激，无异于雪中送炭，带来了极大的精神欢乐。而另一些人却感到非常沮丧，甚至感到莫大的侮辱，带来的是抱怨懊恼，自然精神也很痛苦，甚至很生气。生活中有人总是豁达乐观，笑口常开；有人总是抱怨惆怅，愁眉苦脸。有人感觉得到了很多，生活很美好，充满了满足感和幸福感，有人尽管得到的更多可总是不满足，整天攀比抱怨，充满了"负能量"。为何形成这样的天壤之别？这一切是谁决定的？据世界卫生组织统计，全世界近年来死亡人数总体上"自杀"高于"他杀"。为什么生活条件越来越好，"不快乐"的人却越来越多？可见，提高健康水平的关键是提高精神快乐的水平。但如何使人精神快乐？如果当大官能带来快乐，那官多大是大啊！与官比你还大的人比，你会永远不快乐！如果有钱能带来快乐，那钱多少是多啊！与比你更有钱的人比，你永远是"穷人"！因此精神快乐绝不是简单的物质供应问题，也不是简单的"后天"教育问题，而应该从"本源"上考虑问题。

那么，什么是精神？决定精神是否愉快的"本源"是什么？人们知道，感官的一时愉悦可能会使肉体片刻舒服，但代替不了内在的"精气神"；酒精和毒品可能会使神经系统产生幻觉而带来片刻失控性亢奋，但产生不了发自内心的精神愉快。因此，所谓"本源"首先是遗传基因的作用，孩子的性格很大程度上来自父母的遗传，而且本性难移，古人说"有其父必有其子"往往指性格特点上的遗传，这恰恰是精神的重要"本源"。其次是中医理论的"藏像"，生活经验告诉我们，心旷则神怡，肾虚则志短，脾虚则念杂，这一切都关乎精神健康。至于灵魂是否存在，随着今天微观世界和量子通信的研究进展，越来越变得扑朔迷离。前不久美国发布的"黑洞"照片，在一定程度上证明了"黑洞"的存在，由此间接证明了"暗物质"的存在，有了"暗物质"就很容易理解"暗能量"，而灵魂可能就属于"暗能量"的范畴。灵魂是可以改变的，高尚的灵魂塑造了伟大的人格，龌龊的灵魂产生卑劣的行动。灵魂对人的精神可能有相当重要的决定作用。

遗传不能选择，灵魂可以改变，这两者在生命起源层面上可能趋于一致。生命来自海洋，盐是生命之源，"盐"在这个庞大的有机质肉体上扮演什么角色，可能是一个复杂的问题。盐类小分子和有机质大分子的相互作用可能是生命的真谛，盐类金属离子的配比可能极大地决定着免疫系统的健康和精神的健康。

5.4.2 海洋与健康

海洋被科学家称之为人类环境的最后一块"净土"；广袤的海洋能为人类提供大量优质蛋白；海洋药物是未来人类最重要的"蓝色药库"。因此依靠海洋来保障人类健康是未来的必然选择，海洋科技服务人体生命健康是神圣使命，发挥海洋在健康事业中的作用，从本质上来说，就是发挥海盐的作用。

（1）海洋是保障人类健康的最后一块净土。海洋是人口、资源、环境协调发展的最终可利用空间，是环境保护的最后屏障。陆地上燃烧煤炭、石油、天然气等化石燃料造成的二氧化碳，主要靠海洋来降解，陆地上的化肥、农药、工业污染，最终由海洋自然净化。由于人类过度填海、过度捕捞、过度开发，已使不少地区的海洋环境亮起了红灯。河口污染区、海底荒漠化、赤潮绿潮灾害，已成"常态化"。

围绕如何保护利用这块"环境净土"，首先应注重"洁净海洋"建设。就是要下决心保护海洋环境，着力推动海洋开发方式向循环利用型转变，全力遏制海洋生态环境不断恶化的趋势，让海洋生态文明成为环境保护的高压线，让人民群众享受到阳光、碧海、沙滩的美丽生活。其次是建设"低碳海洋"，就是要深入研究二氧化碳从大气到海洋的传输吸收过程，查明海洋汇碳固碳的科学规律和环境容量。通过海水循环的"物理泵"，发展"冷水汇碳"和"海底封存"技术。通过海洋动植物的"生物泵"，解决碳吸收、储存和转换问题。

（2）海洋是保障人类食品安全的最后基地。我国是人口大国，食品安全始终是国计民生的头等大事，谁来养活中国？一直是全世界关注的重大问题。海洋必须为 14 亿人提供稳定的优质蛋白来源。

面对人口爆炸、资源匮乏的困境，中国人率先尝试了人工海水养殖，实现了由"捕鱼捉蟹"向"耕海种洋"的根本转变。以山东沿海为基地，先后发起了"鱼、虾、贝、藻、参"五次养殖浪潮。同时，还成功引进了三大海水养殖品种。分别是从墨西哥湾引进的海湾扇贝、从南美沿海引进的凡纳滨对虾以及从英国引进的大菱鲆。

海水养殖产业的"五次浪潮"和"三大引种"带来了我国蓝色产业的技术革命，作为一个沿海大国，中国人率先实现了"养殖超过捕捞、海水超过淡水"的两大历史性突破。中国的海洋水产品总量稳居世界第一，人均达到 50 kg，远超过世界 20 kg 的人均水平，为 14 亿中国人的食品安全做出不可估量的贡献。因此，中国被全世界誉为"海水养殖的故乡"。

（3）海洋是维护人类健康的最大医药宝库。海洋的特殊环境孕育了特殊的生态系统，也形成了特殊的药物资源。中国是人口大国，医药产业需求巨大。由仿制药向创新药转变、由合成药向生物药转变、由陆地药向海洋药转变，已成为世界医药行业的发展趋势，在中国尤为突出。向海洋要药，开发"蓝色药库"，保障国民健康已成为"健康中国"的重要环节。随着陆地药源的匮乏，海洋已成为不可替代的新的健康产业资源。人们越来越清楚，未来的药品与保健品的主要原料基地在海洋。

研究结果证实（李乃胜，2019a），海洋生物的保健作用非常突出。从鱼类和贝类中提取的牛磺酸，具有抗氧化、稳定细胞膜的作用，能消除疲劳、提高视力；从海鱼和海藻中分离的高度不饱和脂肪酸有提高儿童智商、延缓老人大脑功能衰退的功能；海藻、海虾和海参等腔肠动物中含有的多糖与皂苷，具有防止动脉硬化、抗癌和增强免疫力等方面的生物活性；从鲍鱼中提取的鲍灵素，具有抗菌、抗病毒和抑制肿瘤生长的活性；从扇贝中提取的多肽，具有抗辐射并具有对放射损伤细胞的修复作用。研究发现，海水近 80 种元素中有 17 种是陆地土壤里缺少的，许多海洋生物富含人类生命活动必需的元素，如牡蛎的含锌量、海带的含碘量，都大大高于任何陆地生物。

鉴于海洋生物开发的广阔前景，进入 21 世纪以来，世界各国争相投巨资开展海洋药物研发。科学家已成功地从海洋生物体内分离与鉴定出 3 000 余种具有生物活性的化合物（李乃胜，2019b），表现有抗菌、抗病毒、镇痛、抗肿瘤、抗动脉硬化、提高免疫力等多种保健作用。

5.5　海盐与人体免疫力

盐在人体中到底起到什么作用？作为无机物的小分子与人体有机质大分子的相互作用机理是什么？应该说人们的认知程度还非常低。量子纠缠的信号传递中"盐"发挥了什么作用？人的意念与盐有什么关系？甚至盐与大脑的发育、肌肉的兴奋是什么关系？基本上还是未知数。但目前的科学研究承认，一定存在重要关系！特别是人体免疫系统与盐的关系更是首先面临的问题，也是人类健康的最基本的问题，只有免疫系统健康才能保证身体健康！这就容易使人联想到，在陆地大型哺乳动物中，为什么只有人特别爱吃"盐"？为什么人体对氯化钠的需求量特别大？马、牛、羊可以大口吃青草，但人吃青菜如果不放点盐就很难下咽。老虎狮子吃生肉大快朵颐，但人勉强吃点放盐的"生鱼片""生肉片"还凑合，如果扔给你一大块没盐的生肉，恐怕除了恶心之外，一般人不大可能吞下去。这就从另一方面说明，人比其他大型哺乳动物更需要盐，这其中的奥秘蕴含着人体与无机盐的特殊关系。

战胜病毒最终靠的是人体自身的免疫系统。有些人免疫系统健康、强劲、敏感，就能迅速反应，及时识别病毒，把入侵的病毒消灭在萌芽之中，从而表现出"百毒难侵"。因此提升人体免疫力是抗击疫情的未来战略目标。

那么，如何提升免疫力？可能海洋"盐卤"具有不可替代的功能（李乃胜，2020）！海洋在全球范围内调控生态、滋养生命、影响经济、孕育文明。纵观林林总总的海洋生物，与陆地生物相比，无不表现出很强的抑菌抗毒特性。海洋植物，以大型藻类为代表，显示出天然阻燃、天然杀菌抗毒、天然放射性屏蔽（李乃胜，2020）。海洋动物，不管是掠食性还是滤食性，不管是肉食性还是草食性，不管是底栖还是游泳，几乎没发现过因病毒传播而造成的全球性"疫情"，甚至"癌症"患者也远远低于陆地动物。这一切，不得不考虑盐卤的作用。

根据目前的研究，可以说，海洋中的病毒总体上对人体无害。而当有些病毒脱离了"盐卤"环境，上陆进入新的大气环境之后，可能借助若干"中间宿主"的陆地动物，经过若干次变异，最终演变成了对人类"有害"的病毒。

人类的生活条件越来越好，但越来越多的"现代病"成为"常态"，其中"精盐"可能是主要元凶（真岛真平，1995）。之前全世界范围内几乎都吃"粗盐"，就是直接食用海洋"原盐"，其中氯化钠含量大致在 85%~87%（李乃胜，2019a），其余的则是钾、钙、镁、锶等无机元素，基本上维持了人体的金属元素平衡。但今天的"精盐"，主要是通过矿盐重结晶、或者通过离子交换膜生产的"离子盐"，氯化钠含量几乎达到 100%，造成了"一钠独高"，钾、钙、镁、锶等金属元素严重缺失。本来人体的金属元素配比与海水基本一致，而"精盐"破坏了这种配比平衡，造成了"高钠"而非"高盐"，特别是钠/钾配比、钙/镁配比的失衡使免疫细胞失去了应有的活力。

分子生物学研究证明（田宗伟等，2012），钾、镁元素主要在细胞核内，钠、钙元素主要在细胞核外，一旦钾、镁元素缺失，钠、钙元素必然会乘虚进入细胞核，从而导致细胞功能紊乱，丧失了免疫功能，为有害病毒的入侵打开了方便之门。由此可见，海洋盐卤可能是提升免疫力，从根本上抗击有害病毒的新型"健康产品"。

目前，国际学术界公认盐卤矿物组分与人类健康密切相关。日本、以色列等国家对盐卤的应用研究已有几十年的历史（真岛真平，1995），目前已形成了以浓缩海洋盐卤为特色的若干保健产品。我国目前对该领域的研究尚处于起步阶段，亟须揭示盐卤与健康的科学规律，从细胞层面查明盐卤有效抑制病毒入侵的机理。

盐卤资源能有效解决当今人类因"元素失衡"而带来的免疫系统弱化（真岛真平，1995），盐卤产业服务人类健康，有可能成为继合成药、生物药之后的第三大新型"药源"。盐卤产业与未来的"健康中国"息息相关。因此，从国家政策层面上，修改食用盐的标准，彻底改变"盐"就是单纯

"氯化钠"的习惯认识；从产业层面上，推出"粗盐"代替"精盐"的产品结构；从"药食同源"的角度，推出"天然盐"替代"离子盐"的政策措施。简单地说，就是通过聚集海洋元素精华的"浓缩盐卤"代替单纯的"精盐"，从而达到提升人体免疫力、有效抗击有害病毒的目的。

我国海盐产业历史悠久、规模庞大。渤海沿岸是国内外著名的盐卤产业密集区。黄海之滨，特别是苏北沿海，具有广袤的地下卤水资源，自古也以盛产"原盐"驰名中外。但上千年来，以资源型、原料型的"盐、碱、溴"出口上市，今天需要实现以"健康产业"为目标的"颠覆性"转型升级。也就是以卤水资源高效利用为目标，打造新型健康产业集群。

充分利用盐卤的天然健康特性，实现卤水资源功能化应用，以人体"补钾降钠"为主攻方向，着重研发盐卤元素在增强人体免疫功能、现代病预防、亚健康人群、区域性微量元素缺乏、精神智力等领域的针对性应用。打通卤水健康产业链，发展卤素药物，创建集医疗卫生、日化洗化、功能食品、健康服务为一体的现代新兴海洋健康产业体系。

参考文献

刁雯蕙.2020.别焦虑,骨密度会降.中国科学报,2020-09-18.

李乃胜,胡建廷,马玉鑫,等.2013.试论"盐圣"夙沙氏实力地位和作用.太平洋学报,21（3）:96-103.

李乃胜.2019.试论健康海洋与服务人类健康//李乃胜.经略海洋.北京:海洋出版社,199-212.

李乃胜.2019.浅谈海洋盐卤与人类健康//李乃胜.经略海洋.北京:海洋出版社,331-339.

李乃胜,徐兴永.2020.做强海洋盐卤业,助力打造"健康中国".自然资源报.

刘旸.2019.病毒星球.南宁:广西师范大学出版社.

姜莉,李奇涵.2006.病毒学概览.北京:化学工业出版社.

田宗伟,等.2012.盐:一种永恒的药物.中国三峡,（8）:46-49.

唐凤.2019.海洋,病毒之家.中国科学报,2019-04-29.

真岛真平.1995.盐卤的惊人疗效.台北:世茂出版社.

第 6 章　海洋盐卤资源评价与开发

我国滨海地区地下水卤水资源开采利用已经有几千年的历史。从三皇五帝时代"夙沙氏"煮海为盐的历史传说,到山东寿光市北部大量商周时期古盐场遗址的考古发现;从春秋时期古齐国靠"私盐官营"一举称霸到唐、宋、明、清历朝历代一直把盐业作为国家经济命脉,可以看出,海洋盐卤资源为社会经济发展和人民生命健康提供了重要支撑。一部盐业发展的历史堪称是历朝历代社会文明和经济发展的晴雨表。历史上苏北有"盐城",河北有"盐山",山东有"盐都",构成了中国盐业发展历史上"三驾马车"的产业格局。当然真正的大规模井滩晒盐始于中华人民共和国诞生之后,特别是 20 世纪 60 年代,开创了规模宏大的山东寿光市羊口盐场;70 年代扩大到莱州湾南岸,并创出井滩晒盐的新工艺。80 年代以后发展到直接从地下卤水中提取盐化工产品。90 年代除在生产规模上进一步扩大外,地域上也由莱州湾扩展到河北、天津、大连和青岛等地。

虽然我国开发利用地下卤水资源已有悠久的历史,但是由于技术条件和经济因素的限制,地下卤水资源的开发还仅限于浅层的地下卤水,中深层地下卤水资源利用还处于研究阶段。莱州湾沿岸提取地下卤水晒盐起步最早,寿光岔河盐场已有 300 余年,莱州盐场建于 200 年前,其他盐场多兴建于 1958 年前后。目前,山东省开采地下卤水资源晒盐的盐场超过 100 个,各盐场的生产规模差别比较大,经调查,全省现有提取地下卤水资源晒盐的盐田面积约 400 km^2,在用卤水井数约 5 600 眼,年产原盐约 653 万 t,提取地下卤水约 2.87 亿 m^3/a,平均每产 1 万 t 原盐需要开采地下卤水 44 万 m^3。地下卤水矿藏开发,不仅为盐业生产提供了丰富的 NaCl,而且卤水还含有多种有益化学成分,如钾、镁及溴、碘、硼、锶、锂等稀散元素。目前,卤水中的这些有益组分虽然多数达不到工业品位,但在制盐过程中,在 NaCl 结晶析出之后产生的苦卤中高度富集,成为盐化工业综合利用的重要资源。地下卤水资源的综合利用，正在由简单流程，向新的综合性优化模式发展（邹祖先等，2008）。

地下卤水资源是一种非常重要的矿产资源，在经济社会中有着突出的地位，依托卤水资源开发利用形成的海洋化工产业，有力地拉动了经济的持续快速发展，但是地下水卤水资源开采利用过程中存在着很多有悖于资源–环境协调科学发展的问题，主要有以下几个方面：① 卤水开发缺少统一的管理，没有形成统一的综合监管机制，存在乱开乱采的现象。掠夺式的开采导致卤水资源浪费严重；② 溴素资源开发过度，盐、溴生产比例严重失调，没有形成盐溴联产和循环开发模式，造成资源浪费，伴随溴素产量的不断上升，人工盐池面积扩张，导致大面积的天然滩涂湿地消失，破坏了沿海地区生态系统的稳定性，改变了沿海潮流和泥沙的运移规律；③ 提溴后的卤水空排对沿海生态环境造成了严重污染，其中盐业排污对潮间带湿地的影响特别明显；④ 地下卤水资源的大量开采导致地下水位明显下降，从而出现地面沉降、海水入侵等环境问题（管延波，2009）。

6.1 海洋盐卤资源储量评估

我国是陆海兼备的大国，海岸线漫长，盐卤资源丰富。盐卤资源一直是我国经济发展所必需的重要资源。地下卤水是指矿化度大于 50 g/L 的地下水，是一种富含矿物质与碘、溴等贵重工业元素的液体矿藏，并作为一种重要的盐化工业原料，广泛应用于氯碱制造（PVC、烧碱）、石油工业、制药、制盐等多个行业，具有很高的经济价值（韩有松等，1995）。

6.1.1 莱州湾（环渤海）盐卤资源优势

莱州湾自然条件优越，地下卤水中所含成盐金属与非金属元素的种类丰富，卤水矿化度高、储量大且埋藏浅、易开采，工业开发的前景广阔（郑懿珉等，2014）。沿岸地下卤水矿藏是国内乃至世界上著名的高浓度地下盐卤资源，已形成了全球最大的卤水化工产业聚集区。整个渤海地区中更新世以来冷暖交替及海退海进的环境演化历史，使得莱州湾沿岸中更新世以来兼有蒸发成卤与冰冻成卤的气候条件和理论可能，近海海域理论上蕴藏了丰富的地下卤水资源（图6.1）。

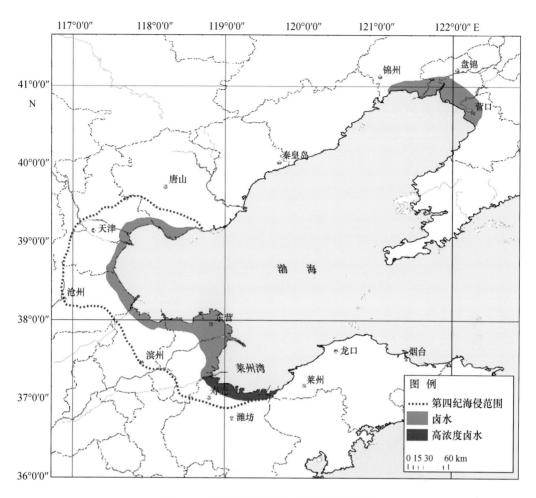

图 6.1　环渤海卤水分布情况示意图

天然卤水是以 Cl–Na 型为主的液体盐类矿床，兼有固体盐类和地下水资源的某些特点，根据《盐湖和盐类矿产地质勘查规范》（DZ/T 0212—2002）的有关技术要求，储量计算方法采用容积法计算天然卤水资源储量（静态资源储量）。

天然卤水资源储量计算公式为：$Q = V \times u = S \times H \times u$；

天然卤水中石盐资源储量计算公式为：$A_1 = a_1 \times Q$；

天然卤水中溴资源储量计算公式为：$A_2 = a_2 \times Q$；

天然卤水中氯化镁资源储量计算公式为：$A_3 = a_3 \times Q$；

天然卤水中硫酸镁资源储量计算公式：$A_4 = a_4 \times Q$；

天然卤水中硫酸钙资源储量计算公式：$A_5 = a_5 \times Q$；

天然卤水中氯化钾资源储量计算公式为：$A_6 = a_6 \times Q$。

式中：

Q 为天然卤水资源储量（万 m^3）；

V 为天然卤水含水层体积（m^3）；

S 为天然卤水资源储量估算面积（m^2）；

H 为天然卤水含水层厚度（m）；

U 为给水度（无量纲）；

A_1 为石盐资源储量（万 t）；

a_1 为石盐含量（t/m^2）；

A_2 为溴资源储量（t）；

a_2 为溴含量（$t/$万 m^3）；

A_3 为氯化镁资源储量（万 t）；

a_3 为氯化镁含量（t/m^3）；

A_4 为硫酸镁资源储量（万 t）；

a_4 为硫酸镁含量（t/m^3）；

A_5 为硫酸钙资源储量（万 t）；

a_5 为硫酸钙含量（t/m^3）；

A_6 为氯化钾资源储量（万 t）；

a_6 为氯化钾含量（t/m^3）。

山东省东营市沿海浅层卤水储量为 2 亿~10 亿 m^3，深层盐矿及卤水资源的估算储量高达约 1 000 亿 t；这里天然条件优越、气候干燥、蒸发量大、地下卤水中所含金属与非金属元素的种类丰富、卤度高、埋藏浅、易开采，具有极强的工业开发价值（李丽和袁存光，2005）。

经山东省第四地质矿产勘查院调查估算，山东省潍坊市北部地区内不小于 7°Bé 地下卤水资源量为 43.50 亿 m^3。地下卤水中石盐资源储量为 40 716.59 万 t；溴资源量为 976 834.51 t；氯化镁资源量为 6 388.82 万 t；硫酸镁资源量为 3 709.19 万 t；硫酸钙资源量为 1 350.55 万 t；氯化钾资源量为 570.83 万 t。潍坊市北部地区不小于 7°Bé 地下卤水资源量估算结果见表 6.1。

表 6.1　潍坊市北部地区不小于 7°Bé 地下卤水资源量估算结果

估算内容		单 位	潮间带	陆地	合 计
估算面积		m²	233 845 000	993 483 000	1 227 328 000
资源量	地下卤水	万 m³	82 673.392 8	352 300.515 1	434 973.907 9
	石盐	万 t	7 775.474 4	32 941.111 7	40 716.586 1
	溴	t	185 682.997 1	791 151.509 1	976 834.506 2
	氯化镁	万 t	1 216.042 9	5 172.779 5	6 388.822 4
	硫酸镁	万 t	707.062 7	3 002.129 7	3 709.192 4
	硫酸钙	万 t	257.594 4	1 092.959 7	1 350.554 1
	氯化钾	万 t	109.731 0	461.094 6	570.825 6
预可采资源量	地下卤水	万 m³	49 604.035 7	211 380.309 0	260 984.344 7
	石盐	万 t	4 665.284 6	19 764.667 0	24 429.951 6
	溴	t	111 409.798 3	474 690.905 5	586 100.703 8
	氯化镁	万 t	729.625 7	3 103.667 8	3 833.293 5
	硫酸镁	万 t	424.237 7	1 801.277 8	2 225.515 5
	硫酸钙	万 t	154.556 6	655.775 9	810.332 5
	氯化钾	万 t	65.838 6	276.656 8	342.495 4

区内 5~7°Bé 地下卤水经济资源量为 16.42 亿 m³。地下卤水中石盐资源量为 7 703.56 万 t；溴资源量为 217 249.12 t；氯化镁资源量为 1 431.14 万 t；硫酸镁资源量为 811.22 万 t；硫酸钙资源量为 385.53 万 t；氯化钾资源量为 151.78 万 t。潍坊市北部地区 5~7°Bé 地下卤水资源量估算结果见表 6.2。

表 6.2　潍坊市北部地区 5~7°Bé 地下卤水资源量估算结果

估算内容		单 位	潮间带	陆 地
估算面积		m²	—	785 677 000
资源量	地下卤水	万 m³	—	164 219.763 1
	石盐	万 t	—	7 703.557 9
	溴	t	—	217 249.116 7
	氯化镁	万 t	—	1 431.138 6
	硫酸镁	万 t	—	811.222 2
	硫酸钙	万 t	—	385.528 1
	氯化钾	万 t	—	151.776 4

莱州湾南岸盐卤资源不仅储量大，而且其独特的分布特征便于人类开采。晚更新世以来莱州湾出现过 3 次海陆相地层变化序列，其中 3 个海相地层分别与沧州、献县和黄骅海侵事件相对应，3 个卤水层分别赋存于 3 个海相地层中。在水平方向上，3 个海相层的卤水分布基本呈条带状分布；在虞河以西，卤水层形成了中间浓度高，近岸、远岸浓度低的分布格局；在虞河以东，除灶户盐场北部地区浓度最高以外，其余地区从沿海向内陆逐渐降低。在垂直方向上，卤水层呈透镜体状，卤水浓度分带性明显，形成上、下低，中间高的分布格局（郑懿珉等，2014）。

6.1.2 盐卤资源开发利用现状

盐卤资源，包括海水蒸发制盐后的苦卤、地下卤水以及矿化湖等。这些液体资源遍布世界各地，就其蕴藏的丰富程度而言，资源量往往以数亿吨乃至数万亿吨计。海水、地下水、湖水及油田水中几乎溶解了门捷列夫周期表中的所有元素。

我国在青海发现了察尔汗盐湖，在新疆罗布泊发现了大型含钾卤水资源。在山东莱州湾沿岸发现了地下卤水资源，储量十分可观，浓度高，含钾、钠、镁、溴、碘、氯等多种元素，是我国又一优质滩盐资源类型。在柴达木盆地盐矿资源中还查明有石盐、氯化钾、镁盐、芒硝、硼、锂、天然碱、溴、碘等组分。四川自贡是世界上最早钻井制卤及利用天然气制盐的地区，卤水综合利用成效显著。自贡有 3 种类型的卤水。黄卤因含氧化铁略带黄色而得名，又分为钡黄卤和无钡黄卤。黑卤因含硫化物与有机物略带黑色而得名，其特点是带有硫化氢臭味。岩卤无色，系固体状态，须用水溶化开采，又分大安岩卤与长山岩卤两种。早在 1942 年久大盐业公司就在此开始氯化钾、硼酸、硼砂、溴、碘等化工产品的生产，1953 年采用了冷冻分级结晶法进行"硼钾联产"，生产有所改进。1956 年自贡盐务局开始了稀有元素锂、锶、铷、铯的研制试验。为了综合利用卤泥中的钡盐还制取了氯化钡。为了缓和酸、碱的紧张局面，1961 年在自贡鸿鹤镇建成了纯碱厂和烧碱厂，电解烧碱所得副产的氯气部分用于合成盐酸外，主要与天然气配套建立了氯甲烷车间，生产烧碱、液氯和盐酸。1975 年该厂纯碱系统由"铵碱法"改为"联合制碱法"，同时生产氯化铵肥料。此外，还采用热氯化法生产二氯甲烷、三氯甲烷和四氯化碳。现在自贡已成为全国重要的综合利用盐化工基地[8]。

近 30 年来，高强度的掠夺式过度开采，导致近岸地下卤水资源储量急剧降低、品质下降，濒临枯竭，破坏了海岸带生态环境的稳定及健康发展。而且直到今天卤水化工仍停留在原料型、中间体型、劳动力密集型的传统产业层面，主要产品依旧是工业原盐与溴素原料。尽管药物中间体、金属钠等精细化工产品在带动资源高值化利用方面发挥了一定作用，但整体而言，卤水产业还属于以资源开发为基础的外延扩大型经济，产品结构单一、产业链短、产品更新换代缓慢，仍然处于低层次开发的初级阶段。因此，卤水产业属于国内最需要转型升级的最传统和最古老的"产业代表"。

近年来，海洋资源开发在传统领域继续保持平稳发展，盐、金属钠、溴素、金属锂和镁是盐卤开发的主要领域。虽然盐卤市场逐渐扩大，但我国盐卤资源也存在开发能力不足、不合理的问题，卤水资源可持续性开采与利用正面临严峻的挑战：① 受调查技术限制，长期以来卤水资源调查目标区多以陆地为主，潮间带等卤水富集区较少涉及，已很难满足卤水化工产业发展的进一步需求；② 由于对卤水资源储量和可开采量缺少科学评估，近岸地下卤水资源的储量与品质近年来急剧下降，同时破坏了海岸带生态环境的稳定与健康发展；③ 由于缺少卤水成因的深入研究，对素有"液体矿山"之称的卤水资源的稀缺性和重要性认识不足，使卤水开采和利用目前仍停留在低层次的初级阶段。因此，亟须通过新方法、新靶区、新目标、新储量、新远景来推动卤水化工产业的转型升级。

6.1.3　盐卤资源储量评估

我国的卤水资源分布很广，各种类型卤水都比较丰富。现代盐湖卤水主要分布于新疆、青海、西藏和内蒙古，海水卤水主要分布于环渤海地区；古代卤水主要分布于四川、湖北、山东、青海、西藏及新疆塔里木盆地西南缘等地（曹文虎和吴蝉，2004）。

6.1.3.1　现代盐湖卤水资源

中国是世界上盐湖分布最多的国家之一，盐湖数量之多和分布的稠密程度，在世界盐湖带中也属罕见。据不完全统计，我国面积大于 1 km^2 的内陆盐湖有 813 个（郑喜玉等，2002）。其中西藏 234 个，青海 71 个，新疆

112 个，内蒙古 375 个，其余散布于吉林、河北、山西、陕西、宁夏、甘肃等省、自治区（图 6.2）。

青海省的卤水资源主要分布于柴达木盆地，该盆地是我国卤水资源最丰富的地区。截至 2000 年年底，青海省共发现盐类矿床（田）78 处，其中大型矿床 41 处，中型矿床 15 处，小型矿床 22 处，已探明盐湖矿产总储量 3 464.20 亿 t。

新疆是我国盐湖分布较多的省、自治区之一。在盐湖中除了固体盐类沉积（石盐、芒硝、钾盐、镁盐、石膏、钠硝石、钾硝石、天然碱）外，还有丰富的卤水矿（表面卤水、晶间卤水和淤泥卤水）。在卤水中，除了富含 NaCl、KCl、Na$_2$SO$_4$、MgCl$_2$、MgSO$_4$ 等有用组分外，还伴生有硼、溴、锂和碘等微量组分。

西藏盐湖卤水资源以硼、锂含量高为基本特征，另外还含有较多的铷、铯和溴，具有很高的经济价值。

内蒙古盐湖以数量多、面积小、分布广为特征，以天然碱湖居多，是我国重要的天然碱生产基地，另有研究表明，该区盐湖有富钾的地球化学背景和成钾条件（刘振敏等，2007）。

6.1.3.2 海洋卤水资源

海洋卤水资源根据其产出方式可以划分为 3 种情况：一种是直接从海水中提取有用组分，生产所需的产品，称为海水化学资源；另一种是滨海的地下卤水；还有一种是在海水制盐过程中所产生的苦卤。

海水在地球上的总量约 13.7 亿 km^3，海洋覆盖地球表面积的 70.8%。海水中的水含量占 96.58%，约 13.2 亿 km^3；可溶无机盐占 3.42%，储量约 5 亿亿 t。

晚更新世以来的海侵-海退事件，使我国北方沿海地区广泛分布地下卤水，其中以环渤海沿岸地区最为典型：

（1）莱州湾沿岸地下卤水。山东莱州湾地区地下卤水，位于山东省北部垦利、广饶、寿光、寒亭、昌邑、莱州一带，长约 100 km，宽 10～15 km，面积约 1 000 km^2，埋深 40～80 m，有卤水 2～4 层，矿化度 90～150 g/L，最高 217 g/L。

（2）辽东湾沿岸地下卤水。地下卤水分布于锦州盐田、沟帮子、盘山、营口盐田深海地带，咸淡水分界线一般 50~90 m，水平方向距海岸线 5~15 km，分布范围约 600 km²。卤水含水层埋深 40~60 m，一般分上、下两个含卤层。上部卤水层底板埋深 28~36 m，厚 8~12.29 m；下部卤水层底板埋深 37~57 m，厚 5.13~11.56 m。含水层岩性为灰色粉细砂、黄灰色粉细砂和亚砂土组成。

（3）渤海湾沿岸地下卤水。位于河北平原的东部，为滨海冲积平原，海拔 3~15 m，第四纪沉积厚大于 500 m，100~250 m 以上为海陆交互相沉积层。自北向南在宁河、静河、黄骅、海兴一带形成高矿化度咸水区，咸淡水分界线 50~150 m，距海岸线一般 10~25 km，面积约 2 000 km²。卤水含水层埋深 60~75 m，自上而下有 3 个含卤层：第一层底板埋深 15~20 m，层厚 3~5 m；第二层底板埋深 35~47 m，层厚 7~11 m；第三层底板埋深 54~71 m，层厚 6~8 m。岩性为粉细砂和中细砂组成，有亚黏土和黏土夹层。

苦卤资源，在海水制盐过程中，每产 1 t 盐的同时，产出 0.8~1 m³ 晒盐后的卤水，称为苦卤。现在我国每年产海盐 2 300 万 t，因此将产生约 2 000 万 m³ 苦卤。这些苦卤含有很多有用组分，如：氯化钾、氯化钠、硫酸镁、氯化镁和溴化镁等资源。

6.2　盐卤资源开发利用前景

美国、智利、以色列等国家，是目前世界上盐湖卤水资源开发利用最合理和最先进的国家。采用开发模式为：卤水资源的综合利用和系列产品的开发，以此来最大限度地降低生产成本、提高产品竞争力，减少产业污染，进而实现资源与环境的可持续发展。我国卤水开发主要是用以提取钠盐；其次是生产钾盐，制造钾肥。

卤水资源是一种液体矿藏，富含钾、钠、钙、镁、溴和碘等多种经济价值较高的元素，且埋藏浅，易开采，成为我国海洋化工得天独厚的条件。近年来伴随着原盐和溴素需求的增多，沿岸地区建立了众多的卤水化工企业，盐、溴化工产业快速发展，盐卤资源开发利用拥有良好的前景。

但是卤水化工仍停留在原料型、中间体型和劳动力密集型的传统产业层面，主要产品依旧是工业原盐与溴素原料。整体而言，卤水产业还属于以资源开发为基础的外延扩大型经济，产品结构单一、产业链短、产品更新换代缓慢，仍然处于低层次开发的初级阶段。卤水开发利用产业亟待转型，努力从简单流程，向新的、优化模式发展，实现地下卤水资源的综合利用。

6.2.1　盐卤资源开发技术及应用

我国盐卤开发利用水平较低，以采挖单一的氯化钠、芒硝、天然碱等原矿的再加工为主，多组分共生和伴生的盐湖卤水资源的综合利用还不能实现。整体而言，普遍存在企业规模小、产品品种单一、技术含量低，盐湖中有用成分没有充分利用，造成资源浪费和环境污染等问题。

6.2.1.1　卤水开发钠盐

卤水开发钠盐主要有 4 种类型：① 海水晒盐，海水晒盐是指通过一系列工艺，将海水中的水分蒸发，得到海盐。从海水中提取食盐的传统方法为"盐田法"。海水晒盐的加强蒸发方法与液体蒸发技术有关。以往的海水蒸发晒盐，均采用平面蒸发的方法，盐水与流动的水汽未饱和的空气的接触面积限于盐田的平面面积。海水晒盐的加强蒸发法以盐水在一定高度上洒下，或盐水在一定压力下且在一定高度上喷洒的办法，立体式地扩大了盐水溶液与流动的水汽未饱和的空气的接触面积，加大了蒸发面积，加强蒸发，缩短蒸发周期而提高盐水的蒸发效率。② 开采深层卤水制盐，即井盐，深层卤水开发技术方法比较复杂，成本比较高，关键是凿井和取水。③ 开采盐湖卤水，即湖盐，我国开采湖盐卤水的省和自治区主要有：青海、新疆和内蒙古，此外还有甘肃、宁夏、山西和西藏等。④ 高纯金属钠提取，高纯度"液态纳"快中子堆核电技术是目前世界上最先进、最安全核电技术，而卤水资源作为"液体矿山"是高纯钠的唯一来源。"核级钠"已成为新型盐卤化工产业的新亮点。

6.2.1.2　卤水钾资源开发

我国最大的钾肥生产基地为青海察尔汗盐湖，青海利用盐湖卤水生产钾肥，目前已成为我国的钾肥生产基地。

新疆盐湖中的硝酸钾型卤水，富含 KNO_3 和 $NaNO_3$。卤水型硝酸钾的开采方法是建立盐田，太阳能蒸发浓缩卤水，达到硝酸盐结晶，生产硝酸钾产品。硝酸钾生产工艺有两步：第一步在野外建立盐田，生产半成品，硝酸钾纯度达到 52% 左右；第二步将半成品运至生产车间，通过高温提纯，冷却分离，提高纯度，达到硝酸钾含量 92% 以上。

6.2.1.3　卤水锂盐开发

我国卤水资源主要分布在青海、新疆、西藏、内蒙古 4 个省、自治区。盐湖卤水中蕴藏有丰富的锂资源，占我国已探明的锂总储量的 87%（王宝才，2002）。我国的盐湖锂资源非常丰富，主要分布于西藏和青海，是全球重要的锂资源，也是我国今后发展锂盐工业重要的资源基础。但是，目前我国的锂盐生产仍以锂辉石、锂云母等含锂矿石为主，还没有盐湖卤水提锂的工业化装置，因此必须加强我国卤水锂资源的开发，以促进我国锂盐工业的进一步发展（钟辉，2003）。

卤水组成复杂，且不同盐湖的组成有很大差异，因而各盐湖所采用的加工工艺也不同。从盐湖卤水中提取分离锂的方法主要有沉淀法、溶剂萃取法、离子交换吸附法和煅烧浸取法等方法。

沉淀法是最早研究并已在工业上应用的方法，该法是将卤水蒸发制盐后，通过脱硼、除钙、镁等分离工序，使 Li^+ 存于老卤中，再用纯碱沉淀制 Li_2CO_3 产品。该法将锂作为副产物进行回收，工艺技术较为成熟，可靠性高，但不适用于含大量碱土金属的卤水及锂浓度低的卤水。

有机溶剂萃取法提锂的关键在于所采用的萃取剂必须具备高选择性。中国科学院青海盐湖研究所研究了煤油-三氯化铁-TBP 体系和从大柴旦饱和氯化镁卤水提锂的工艺流程，并在大柴旦盐湖进行了中试实验，制得的 LiCl 纯度 98.5% 以上，锂的总收率达 96% 以上。该法适用于锂浓度高的卤水，具有原材料消耗少、流程简短、效率高等优点。其缺点是：浓度低的盐湖卤水需要浓缩，费时费力；$FeCl_3$ 的使用会造成乳化现象；采用的 TBP 体系成本昂贵，挥发损失大；反萃取腐蚀性强；单次萃取率低且有机溶剂会对盐湖区造成严重的环境污染，不利于大规模工业生产，由于上述原因，至今还未实现工业化。

离子交换吸附法适用于从稀卤水中提锂，工艺简单、回收率高、选择性好，与其他方法相比有较大优越性。根据交换剂的性质可分为有机离子树脂交换法和无机离子交换吸附法两种。大多数吸附性能较好的离子交换吸附剂都是粉体，由于粉体的流动性和渗透性很差，工业应用困难，需要制成粒状以便于操作，但是离子筛的造粒工作比较困难，而且研究发现造粒后交换剂的吸附性能会下降，此外目前所有造粒工作也还处于实验室研究阶段，因此吸附剂的造粒问题还有待于解决。

煅烧浸取法是将提硼后的卤水蒸发去水 50%，得到四水氯化镁，在 700℃ 煅烧 2 h，得到氧化镁，然后加水浸取锂，用石灰乳和纯碱除去钙、镁等杂质，将溶液蒸发浓缩至含锂为 2% 左右，加入纯碱沉淀出碳酸锂，锂的收率 90% 左右。煅烧后的氧化镁渣精制后可得到纯度 98.5% 的氧化镁副产品。这种方法有利于综合利用锂镁等资源，原料消耗少，但镁的利用使流程复杂，设备腐蚀严重，需要蒸发的水量较大，动力消耗也大。

锂及锂化合物因具有优异性能而在国民经济各个领域得到广泛应用，其开发和生产对工业的发展影响重大，因此必须加强我国卤水锂资源的开发工作，我国盐湖卤水资源丰富、组成复杂，富含钾、硼、镁、铯、铷等有用元素，应该针对组分不同的盐湖卤水，开发适合我国锂资源特点和环境气候条件的新技术新工艺，注重综合利用，提高资源利用率，降低开发成本，提高经济效益（钟辉，2003）。

6.2.1.4　卤水硼资源开发

我国硼矿资源较为丰富，已探明硼资源贮量占世界第五位，主要集中分布在青海、西藏和吉林等省、自治区，但是硼矿质量较低。矿床类型主要为沉积构造型和现代盐湖型，其中现代盐湖型硼资源主要分布在青海、西藏，且储量较大。由于近年来高品位固体硼矿资源的开发，硼矿开采成本不断提高，使得卤水资源开发利用成为开发热点（唐尧，2014；赵鸿，2007）。

目前，国内外研究卤水提硼的方法很多，主要有酸化沉淀法、萃取法、分级结晶法和离子交换法等（李朝华，2009）。

酸化沉淀法主要是盐酸酸化和硫酸酸化，是利用酸将卤水中的硼转化为硼酸，再利用硼酸具有较小溶解度的性质，使硼酸在卤水中饱和后结晶析出，从而与其他成分分离。通常物料中所含 B_2O_3 的浓度达到 2%~3% 时，便可使用这种方法从卤水中提硼。该法对硼的提取率较低，一般在 50%~60%，提取硼酸后的母液一般含硼（B_2O_3）在 0.5% 左右，因此还须用其他的方法对其进行进一步的提取，该法适用于含硼量较高的原料卤水。

分级结晶法是利用硼酸及硼酸盐具有溶解度随温度变化较大的特点，主要应用于碳酸盐型盐湖提取硼砂，也可用重结晶法提纯硼酸。

该法适用于低含硼体系，主要利用硼特效树脂从含硼量低的海水或卤水中吸附硼，吸硼后的树脂经稀酸洗脱后得到硼酸，硼回收率可达 90% 以上。该法技术比较成熟、操作简单、提硼效率高；但洗脱液中硼浓度低，浓缩耗能大且树脂成本高，目前还未见大规模工业化应用。高效价廉的硼特效树脂的研制将为该法的实际应用带来新的希望。

与其他盐湖提硼方法相比，溶剂萃取法对卤水中硼浓度的适应范围广（2~18 g/L），并且选择性高、杂质分离彻底、操作便捷、萃取剂可循环利用，具有广阔的应用前景，其中萃取体系的选择尤为重要。目前研究较为广泛的萃取体系主要包括醇类、含羟基的芳香类和胺类化合物以及离子液体。脂肪醇类萃取体系在氯化物型和硫酸盐型等酸性盐湖中的研究较为成熟，其中一元脂肪醇主要应用于高镁、高钙盐湖卤水；二元脂肪醇则针对盐析作用较弱的卤水提取硼酸。使用异辛醇萃取硼酸已有工业化应用，但是为降低溶损、提高萃取效率，目前工业上多采用一元混合醇。其他类型的萃取剂，如多羟基芳香类和胺类化合物、离子液体等，尽管在不同条件下对硼有较好的萃取效果，但一般价格高，工业应用困难（徐振亚，2021）。

6.2.1.5 卤水镁资源开发

利用卤水生产水氯镁石，脱水制取无水氯化镁是近百年来世界各国科技人员努力研究的难题，其难点在于二水合氯化镁和一水合氯化镁在高温下发生水解，难于抑制。20 世纪 80 年代，挪威科技人员采用氯化氢脱水工艺，并解决了设备防腐问题，现已应用于镁冶金工业。我国已实现光卤石脱水电解镁技术的产业化。"九五"期间，科学技术部支持的水氯镁石流态化脱水新方法完成中试；2001 年以来，通过"十五"攻关计划的支持，完成了该工艺的产业化前期研究。同时还开展了其他如化学法、沸腾床熔融氯化法等试验研究，均取得了不同阶段的试验成果。

6.2.2 盐卤资源综合利用技术及应用

盐卤资源具有很多组分共生的特点，因此国内外卤水资源的开发均采用综合利用资源的开发模式（曹文虎和吴蝉，2004）。

6.2.2.1　国外盐卤资源综合利用技术及应用

6.2.2.1.1　卤水钾资源的开发利用

冷分解-洗涤法工艺

该工艺是以色列从死海海水中提取氯化钾的最原始工艺，其流程是将海水进行盐田日晒，由于海水组成属氯化物型，日晒蒸发过程中液相组成变化基本属于稳定平衡，容易控制不同析盐阶段所析盐类的种类和品位。本工艺的缺点，钾的利用率极低，盐田得到的高钠光卤石被遗弃，造成资源浪费。该工艺对钾的利用率是最低的，该工艺现已被淘汰。

冷分解-浮选法工艺

20 世纪 50 年代，以色列开发出冷分解-浮选法工艺生产氯化钾技术，由于产品物理性能不佳，已不能适应国际市场的需求，所以该法正在逐渐被淘汰。采用该工艺生产氯化钾的缺点是所产氯化钾产品的粒度较细，物理性能不佳，钾的收率较低，一般为 50%~60%。该工艺的优点是比较节省能源，建厂投资比较少，技术简单容易掌握。

冷分解-热溶结晶法工艺

该工艺的工艺依据是：光卤石在水中分解时，可将氯化镁全部溶入溶液，80% 的氯化钾和氯化钠仍以固相存在，利用氯化钾和氯化钠在高、低温水溶液中溶解度的不同，在高温时将氯化钾全部溶入溶液，氯化钠基本上仍以固相存在，在高温条件下进行固液分离，除去氯化钠，高温滤液冷却析出氯化钾，冷却料浆分离、洗涤、干燥可得纯度为 98% 的氯化钾产品。该法的优点：所得产品粒度好，产品品质好，钾的回收率较高，适合在能源较廉价的地区推广使用。此外，此工艺对处理含高泥沙的钾石盐固体矿特别有效，设备投资较少。缺点是工艺能耗较高，成本较高。

反浮选-冷结晶法工艺

该工艺的全部过程除干燥工序外均在室温下进行，是目前以光卤石为原料加工制取氯化钾的最优工艺，在以色列已建有年产氯化钾 120 万 t 的加工厂。该工艺由两大部分构成：第一步是低钠光卤石的制备（NaCl<7%）；

第二步是将低钠光卤石加入一个特殊设计的结晶器中，用含氯化镁的母液分解光卤石，分解过程严格控制光卤石的分解速度（靠调节分解母液中氯化镁的浓度来实现），加入氯化钾的晶种，使分解过程形成的氯化钾晶体有足够的成长时间，以获得较大颗粒的氯化钾晶体。用高效的浮选剂得到低钠光卤石和设计一个特殊的冷分解结晶器是实现本工艺的关键。冷结晶工艺是目前用光卤石生产氯化钾的方法中成本最低和最优的工艺。

6.2.2.1.2　卤水锂资源的开发利用

先将卤水在氯化钠池中蒸发除去氯化钠，剩余的卤水含 K、Li、$Na_2B_4O_7$，此卤水在钾石盐池中继续蒸发沉淀出 NaCl+KCl，除去 NaCl+KCl 后的卤水继续蒸发，使其中的锂富集到 6%（折合 LiCl 38%，已达到饱和，其中含 Mg 1.8%，B 0.8%），再送到碳酸锂厂加工。加工方法是先用煤油萃取法除去硼，除硼后的卤水含硼小于 $5×10^{-4}$%。除硼后的卤水分两部法除镁：①加苏打沉淀碳酸镁，用转鼓式过滤机分离除去卤水中 80% 的镁；②加石灰以氢氧化镁的形式除去剩余的 20% 的镁。除去硼、镁后的卤水富含氯化锂，用苏打以碳酸锂的形式沉淀出其中的锂，碳酸锂料浆用带式过滤机过滤，滤饼用水洗去其中夹带的氯化钠，回转式干燥机烘干，可得 99% 的碳酸锂产品。

6.2.2.1.3　卤水镁资源的开发利用

目前，国外多采用氯化镁溶液喷雾煅烧热法氧化镁生产技术，该项技术以盐田光卤石母液为原料（含 $MgCl_2$ 450～470 g/L）先将其浓缩到含 $MgCl_2$ 550 g/L，热解温度为 800℃，排出温度为 400℃。由于喷入的氯化镁溶液呈雾状，所以反应能很快地进行。由此产生的氧化镁的粒度很细，可通过循环卤水中氧化镁的晶种而增大。热解产生的粗氧化镁含有未分解的氯化钙、氯化钠和氯化钾等盐类，用去离子水多级洗涤除去，并使粗氧化镁全部水解生成氢氧化镁，过滤所得的氢氧化镁滤饼在多膛炉中加热到 800～1 000℃，将形成的塑性氧化镁在 250℃ 下压制成杏仁状粒子，再将其在 2 000℃ 下烧结成烧结氧化镁。氢氧化镁滤饼也可根据不同需要进行进一步加工，加工制造成能满足不同需要的氧化镁或氢氧化镁产品。到目前为止，直接利用提取其他盐类后的母液——氯化镁卤水生产氧化镁，在世界上已属成熟技术。

6.2.2.1.4 卤水生产硼和溴素的技术

一般来讲，从富含硼的氯化物及硫酸盐型盐湖卤水中只能用酸析的方法，从浓缩硼的卤水中沉淀出硼酸，该法工艺和流程都较为简单，设备投资小，适合从含硼量较高的卤水中提取硼酸。沉淀法提硼（硼的收率较低）和萃取法提硼技术配套使用最佳。分步结晶法提取硼砂的生产工艺适合于碳酸盐型盐湖卤水，此方法中采取的技术主要是利用卤水中不同的盐类在蒸发过程中有不同的结晶析出阶段。

从卤水中提取溴素有很多方法，但是较经济并且长期应用于工业生产中的是空气吹出法及水蒸气蒸馏法。该类方法用氯气氧化卤水中的溴化物而游离出元素溴，随后用蒸汽或空气吹出游离溴，最后用蒸汽蒸馏法提纯。用蒸汽法提溴适用于溴含量大于 $1\,000\times10^{-6}$ 的卤水，目前盐化厂主要用这两种方法从海盐老卤中提取溴素。水蒸气蒸馏法提溴建厂投资较大，适合含溴高的卤水提溴以及大规模建厂生产，提溴后的母液对生产水氯镁石有不利影响。该法适合于溴系列产品联产。空气吹出法适合含溴量低的卤水提溴，建厂投资小，生产流程较蒸汽法稍长，提溴后母液后处理稍复杂，适合小规模生产。溶剂萃取法、吸附法及沉淀法是从卤水中提溴的新方法。应用于大规模生产的目前只有吸附法，据资料报道该法的流程较短，生产成本较低，是目前从卤水中提溴成本最低的方法。该法的技术关键是选择吸附量较大、选择性强和容易直接脱析的吸附剂。

6.2.2.2 国内卤水资源综合利用技术及应用

6.2.2.2.1 卤水钾资源开发技术

兑卤-控速结晶法

本工艺的具体工艺过程大致如下：先将氯化物型卤水泵至太阳池，在太阳池中晒至光卤石饱和卤水密度达 $1.27\,\text{g/cm}^3$，然后与氯化镁饱和卤水以一定的比例在兑卤器中混合，反应完成后即生成人造光卤石晶体和细粒的氯化钠晶体，由于兑卤生成的光卤石晶体粒度比氯化钠晶体大，沉入兑卤反应器的底部，细晶氯化钠随上升液流升入澄清区，随溢流排出反应器，兑卤完成底流料浆经固液分离，即可获得 $m\text{KCl}/m\text{NaCl}=5$ 的低钠光卤石。低钠光卤石送入控速反应器，在反应器内进行全混流反应，反应生成料浆

（KCl）进入反应器悬浮层，晶粒在此不断长大，一定粒度的氯化钾沉入底部，由排料口排出，经固液分离即可得粗制氯化钾（KCl 湿基大于 90%）。该粗产品中含有一定的氯化钠细晶和母液，可再在反应器中用淡水和淋洗母液调浆洗涤，精钾料浆经分离、干燥即可得氯化钾产品（KCl>98%），平均粒度可达 0.4 mm 左右。

利用硫酸盐型盐湖卤水反浮选法制取硫酸钾

该法的工艺原理为：利用 K^+、Na^+、$Mg^{2+}//Cl^-$、$SO_4^{2-}-H_2O$ 五元水盐体系和 K^+、$Mg^{2+}//Cl^-$、$SO_4^{2-}-H_2O$ 四元体系相图，将硫酸盐型盐湖含钾卤水滩晒制得含一定量氯化钠的粗钾镁混盐矿，将粗钾镁混盐矿磨碎、磨细到一定粒度，用饱和卤水调浆，采用反浮选工艺，将其中的氯化钠除去，制得精制的钾镁硫酸盐混矿。精制钾镁硫酸盐混矿与氯化钾和水在常温下反应，得到软钾镁矾料浆，该料浆经固液分离，固相软钾镁矾再和氯钾、水反应制得硫酸钾料浆，固液分离、固相干燥得硫酸钾产品。和正浮选软钾镁矾制硫酸钾工艺相比，工艺制取吨产品硫酸钾，氯化钾消耗量较高，生产成本较大，并且原料矿中的泥沙等杂质不易除去。如果采用一定的除泥沙技术配合，该工艺的发展潜力很大。

6.2.2.2.2　卤水锂资源开发技术

煅烧法卤水提锂工艺

该技术由中国成都理工学院液态矿研究室杨建元等学者于 1996 年提出并完成室内小型试验（实验所用卤水镁锂比≈10）。该技术的主要物理化学原理是：$MgCl_2 \cdot H_2O$ 和 LiCl 在高温煅烧时分解温度的不同，$MgCl_2 \cdot H_2O$ 在 97~550℃脱水，在 550℃ 以上分解成氧化镁和氯化氢气体，在此条件下氯化锂不分解。因此煅烧后的烧结物经浸取，锂盐进入溶液，氧化镁则留于残渣中，从而达到镁锂分离的目的，浸取液再经过净化、蒸发、沉淀就可得到 99% 的碳酸锂产品。工艺过程中，只要控制好卤水煅烧时的升温速度和煅烧温度，根据试验资料锂的回收率可达到 95%。该工艺蒸发量大，由于工艺中采用了蒸发和焙烧两条高耗能的工序，工艺能耗较高，此外该工艺中由于水氯镁石的高温焙烧产生了含湿的氯化氢气体，设备的腐蚀也相当严重，采用此工艺方法提锂生产成本相对较高，并且有诸多缺点，不利于大规模工业化生产。

碳化法提锂工艺

本技术在 1991 年，由成都地质学院针对川 25 井富钾卤水综合利用提锂项目提出。该技术的主要工艺原理：控制含锂卤水碳酸根离子的浓度和 pH 值，就可利用碳化的方法除去卤水中的钙和镁离子，从而实现钙、镁和锂的有效分离。

萃取法提锂工艺

利用 TBP 溶剂体系从高镁锂比盐湖中可以较好地实现氯化锂与氯化镁的分离，锂的总收率可达 98% 以上，产品氯化锂纯度 98.5% 左右。该方法获国家发明专利，具有工业化推广价值。氯化锂再和碳酸钠反应可得到碳酸锂产品。该法的工艺特点：适合从高镁锂比盐湖卤水中提取氯化锂，氯化锂二次转化再得到碳酸锂。工艺可行具有进一步研究开发价值。缺点是工艺流程较长，萃取工艺中设备腐蚀较大，对设备的材质要求较高。

6.2.2.2.3　卤水镁资源开发技术

石灰乳法

用该法制取氧化镁的主要原料为：盐卤水氯镁石和石灰，产品原料易得，但要制出符合要求的 $Mg(OH)_2$ 难度较大。如果卤水直接与石灰乳起反应，则生成很细的胶状沉淀，沉降速度较慢，胶状沉淀带下杂质较多（主要是钙、硼），为下一步 $Mg(OH)_2$ 的提纯带来很多困难。在卤水和石灰乳进行反应前，应提前分别对石灰乳和氯化镁卤水进行精制，精制后的两种原料再按一定的顺序进行反应，沉淀出 $Mg(OH)_2$，$Mg(OH)_2$ 经过滤、洗涤、煅烧即可得到高纯的氧化镁。根据煅烧温度的不同可得到不同用途的高纯镁砂。通常在 $700 \sim 1\,000℃$ 左右煅烧生成的氧化镁化学活性较好，能较快地溶入稀酸中，在冷水中能迅速水化生成氢氧化镁，产品密度相对较小，视比容较大，很容易吸收空气中的二氧化碳和水变成碱式碳酸镁，也称为化学活性氧化镁或煅烧氧化镁。在 $1\,000 \sim 1\,500℃$ 煅烧生成的氧化镁化学活性较低，在室温下只与强酸反应，称为死烧或烧结氧化镁，由电弧在 $2\,750℃$ 以上熔融生成的氧化镁，成为坚硬的固体，叫熔融氧化镁，能耐酸碱。该法的主要优点是：原料易得。主要缺点是：① 石灰沉淀过程存在沉淀、过滤、洗涤较困难的问题；② 本法工艺流程较为复杂，主要是石灰乳除钙降硼工序烦琐，但该工艺在国内外已用于工业化生产。由于氢氧化钙价廉易得，故该法有较高的工业应用价值。由于产品粒度小（通常低于0.5 μm），聚附倾向大，极难过滤，易吸附硅、镁、钙、铁等杂质离子，只适于对纯度要求不太高的行业使用，如烟道气脱硫、废水中和等，制备高纯度氢氧化镁一般不用此法，但该法生产的浆状氢氧化镁在环保行业中的用途极广，有较大的发展潜力。

氨法

利用氨或氨水与卤水反应生成 $Mg(OH)_2$ 的方法称之为氨法。由于氢氧化铵为弱碱，在 Mg^{2+} 浓度较高的卤水中用氨法较为合适。该法的特点是生成的 $Mg(OH)_2$ 沉淀结晶度高，沉淀速度较快，易于过滤和洗涤，过滤后的乳液净化处理较其他方法复杂，所得产品的纯度较其他方法略低，本法所得 $Mg(OH)_2$ 母液还可继续利用，或经浓缩后制取钠、钾、镁复合肥。从技术和工艺上来说明显优于石灰乳法。其主要缺点是：原料成本高于石灰乳法，镁的收率低于石灰乳法。但所得产品纯度高于石灰乳法，生产流程比较简单。

铵纯碱法

利用碳酸氢铵（或碳酸钠）与卤水作用生成碳酸镁，然后碳酸镁煅烧也可得到高纯镁砂。该法的主要优点是工艺简单，生产流程较上述两种方法都短，产品的纯度和氨法所得产品纯度相当，单产品的生产成本较上述两种方法都高，一般不宜单独采用，应配合其他方法联合使用，以提高镁的收率。

碳化法

碳化法就是在高镁离子浓度的卤水中通过二氧化碳，在一定的条件下生成碳酸镁的方法。碳酸镁经纯化、轻烧、重烧加工成氧化镁的方法。在二氧化碳储量或供应充分的地区可采用上述工艺与盐、碱、镁联产，以降低生产成本，一般不予单独采用。

氢氧化钠法

该工艺操作简单，产物的形貌、结构、粒径及纯度均易于控制，附加值较大，适于制备高纯微细产品。由于氢氧化钠是强碱，采用该法时如果条件不当会使生成的氢氧化镁粒径偏小，给产物性能控制及过滤带来困难，故须严格控制其合成条件。该法在以盐湖卤水为原料制取高纯阻燃用氢氧化镁产品中具有一定优势；但是与氨法相比，该法的母液回收不如氨法容易，母液的后处理工序存在一定的问题。

6.2.2.2.4 卤水硼资源开发技术

酸化沉淀法

该技术的主要工艺原理是利用硼酸在一定的酸性溶液中和在较低的温度下，具有较低溶解度的化学原理，加酸调节含硼物料的酸度，使含硼物料中的硼生成硼酸从溶液中沉淀下来。通常物料中所含硼（B_2O_3）的浓度达到 2%～3% 时，便可使用这种方法从卤水中提硼。该法对硼的提取率较低，一般在 50%～60%。提取硼酸后的母液一般含硼（B_2O_3）在 0.5% 左右，还需用其他的方法对其进行进一步的提取，该法适用于含硼量较高的原料卤水。

浮选法提硼

该法可用于从混合硼酸盐矿物中分离出硼酸，分离出的硼酸纯度较低，一般在 70%～90%，精矿需进一步的精制。虽然该法在国内外已属成熟技术，但所用浮选剂对硼酸和其他盐类的选择性不强，该法的主要研究方向应放在硼酸浮选所用浮选剂的选择上。

离子交换法提硼

离子交换法提硼是各国科学家们研究的一个课题，其目的是从海水或其他含硼量低的海湖水中直接提取硼。采用对硼有选择性地交换能力强的树脂，从卤水中把硼交换和富集起来，与卤水中其他的物质分离，再用稀酸从树脂上把硼洗脱下来，得到含硼量较高的硼酸溶液，此溶液经蒸发、冷却结晶、过滤分离和干燥就可得到硼酸产品。该类技术较成熟，硼的回收率可达 90% 以上，但该法树脂洗脱的含硼液硼酸含量较低，一般在 3～5 g/L（H_3BO_3），蒸发此含硼母液制取硼酸蒸发量较大。此外，该法在反复洗脱再生过程中，树脂的消耗量较大，故在工业中一般不予采用，只用于实验室内进行小规模的硼酸分离。该法的研究方向也应着重放在高效、高容量、低损耗交换树脂的研制上，从而降低树脂法提硼的生产成本，以便使其能应用于大规模的产业化生产上。

溶剂萃取法提硼

利用萃取剂和硼酸能形成一种复合型中间产物的特性将卤水中的硼酸从水相中溶入有机相从而实现硼酸与卤水的分离。负载有机相经过反萃脱除负载的硼酸再生循环使用。使用该法从低硼的卤水提取硼酸较树脂交换法有较多的优点：①对硼酸的提取率较高（树脂法提取率一般在 70% ~ 90%，萃取法提取率在 90% ~ 99%）；②较树脂法对原料含硼量的要求较低，硼酸回收率较高。树脂法提硼对原料含硼量的要求在 2 ~ 7 g/L（B），吸附流出液中 B 的含量在 0.05 g/L（B）左右，吸附洗脱液硼酸的含量一般为 2% ~ 3%（H_3BO_3 25 ~ 30g/L）。硼在吸附过程中的富集倍数为 1 ~ 2 倍，蒸发此洗脱液制取硼酸需蒸发大量的水。而萃取法对含硼原料液硼含量的要求一般在 2 ~ 7 g/L（B）即可。反萃载硼水相的硼酸含量可达 3% ~ 5%（相当 H_3BO_3 50 g/L），硼的富集倍数可达 2 倍以上，萃取液中硼酸的含量在 0.3 g/L左右，与吸附流出液中硼酸的含量相当；③萃取法操作一般来讲比吸附法可靠性强、萃取剂可反复使用。萃取法和吸附法都适用于从高镁卤水中分离提取硼酸，萃取法提取硼酸与吸附法相比具有更高的操作可靠性，可获得含硼酸较高的反萃水相，这对蒸发、酸析硼酸较为有利，蒸发量较少，可降低硼酸的制造成本。该法的研究方向主要是寻找毒性小、萃取选择性更高的萃取剂。

6.2.2.2.5　卤水溴资源开发技术

水蒸气蒸馏法提溴

水蒸气蒸馏法提溴是我国目前制溴的主要方法之一，该法对原料的含溴量要求较高，水蒸气的消耗量与溴含量有很大的关系。原料溴含量越高，蒸汽的消耗量就越低，成本相应就较低。如用含溴为 6 ~ 7 g/L 的卤水，每生产 1 t 溴，蒸汽消耗量 30 ~ 35 t；用溴含量 2.5 ~ 3 g/L 的卤水，每生产 1 t 溴，蒸汽的消耗量 80 t。因此，使用此方法制溴对原料含溴量的要求一般在 5 ~ 24 g/L，溴含量低于此含量范围的卤水采用其他的方法提取。

空气吹出法

空气吹出法提溴工艺是从海水或其他含溴量低的卤水中提溴的方法，

该法原料来源丰富，同时该法的设备也不复杂，容易实现自动化，这为大规模生产提供了有利条件。该法的基本原理与水蒸气蒸馏法提溴工艺的工艺原理相同，所不同的是：水蒸气蒸馏法提溴，溴离子在被氯氧化成溴素后是被水蒸气吹出。而空气吹出法提溴，是在溴离子被氯氧化成溴素后被空气吹出，吹出的含溴空气用碱液吸收其中的溴生成溴化物和溴酸盐。

离子交换法

离子交换法所用的树脂多为强碱性阴离子树脂，这些树脂多以苯乙烯与二乙烯基苯的共聚物为基体，其活性基团多为三甲基胺、吡啶或羟乙基二甲基胺等。早期的提溴工作，主要是针对现有的各种商品树脂交换吸附溴的性能进行测试，从中筛选出性能优良的提溴树脂。如美国的 Amerlite IRA-400、Dowex-1、Permutis-1，英国的 Deacidite FF 和法国的 Duolite-A-42 等树脂提溴效果较好，提溴交换容量可达到 6.23 当量溴/当量树脂。溴的回收率一般在 85%~95%。苏联也报道过用 AB—17 树脂提取盐水中的溴，其回收率最高可接近 100%。国内树脂提溴研究工作始于 20 世纪 60 年代末，1967 年天津制盐工业研究所进行了国产 717 树脂海水提溴的研究，此后的 10 多年里，他们先后对树脂的使用寿命、上柱及洗脱等作了系统研究，1986 年在小试、扩试和模拟试验等工作上获得了成功。717 树脂从含溴 2.5 g/L 和 0.25 g/L 的卤水中富集溴，溴的总收率分别为 85% 和 75%，树脂的使用寿命，对高浓度卤水可达 200 次以上，对低浓度卤水可达 1 200 次以上。70 年代，中国科学院青海盐湖研究所和南开大学联合，系统考察了现有各种商用树脂的提溴性能和使用寿命等情况后，并未从中获得满意的树脂。为此他们根据现有树脂的特点，经过多年试验，最后采用聚苯乙烯、异丁烯共聚，成功地试制出了大孔 8 号新型提溴专用树脂。经多次试验表明，该树脂具有抗氧化性强、抗有机污染、使用强度高、寿命长、交换速度快等优点。传统的提溴工艺是用还原剂，如：SO_2、Na_2SO_3，将吸附在树脂上的溴还原后，再用高浓度的再生液洗脱，这种淋洗下来的含溴液含有多种盐类，要制取溴还须先将 Br^- 用 Cl^- 氧化后，再用蒸馏法蒸出。这样大大降低了离子交换树脂提溴的优点，使工艺变得长而复杂。为了简化树脂提溴的工艺程序，美国专利 US3098716、3101250 提出了用水蒸气热解分离富集到树脂上的溴的措施，后来日本人井川一成等对吸附在季铵盐型强碱性阴离子树脂上的溴，通入蒸汽进行蒸馏分离试验，发现蒸汽温度对溴的热解效率有很大的影响，当温度不到 60℃ 时，溴从树脂上分离不完全，当温度过高时，溴的解吸速度和解吸率都较理想，但树脂寿命降低，因为有 Cl^- 交换在树脂上，要得到合格的溴，还需用蒸馏法分离其中的 Cl_2，因此，水蒸气蒸馏热解工艺并无多大优越之处。

溶剂萃取法提溴

基本原理是根据溴在有机溶剂中的溶解度较在水中的溶解度大，将氧化后的卤水与有机溶剂混合，溴素进入有机溶剂与水进行分离并得到富集。该法的主要研究方向是寻找一种对 Br^- 和 Cl^- 能进行有效分离的萃取剂，萃取溴后的负载有机相再用无机氯化物溶液反萃使有机相再生，反萃后的水相再用氯化蒸汽吹出。该法的适用范围为海水及类似海水的溴含量较低的物料，一般来讲，该法适于与制取溴系列有机衍生物的有机化工产业进行联产。

6.3　潮间带新型卤水资源远景评价

莱州湾是我国最大的海洋化工基地，卤水资源是重要的自然矿产资源之一，自古被称为"液体矿山"。长期以来，卤水资源调查多以陆地为主，目前面临品位下降，资源枯竭的窘境。而莱州湾潮间带和近海海域地下卤水资源丰富、品质高，分布在几个主要沉积盆地中，亟须开展潮间带及近海地下卤水探测靶区和储量远景区选划工作，满足莱州湾卤水资源长期开发利用和盐卤产业的可持续发展。

6.3.1　潮间带盐卤资源储量评估

我国现代盐湖卤水主要分布于新疆、青海、西藏和内蒙古，在这些盐湖中，钾、锂、硼、镁和钠的盐类液、固矿储量十分巨大。特别是在青海柴达木盆地的 33 个盐湖中，无机盐总储量达 3 780 亿 t，是巨大的无机盐资源宝库。新疆罗布泊盐湖也是现代钾盐发育的地区，该地区硫酸盐型晶间卤水钾盐矿床储量巨大、品位高。

古代卤水主要分布于四川、湖北、山东、青海、西藏及新疆塔里木盆地西南边缘等地。青海察尔汗盐湖是我国最大的盐湖，钾、镁、锂、硼等资源异常丰富，该区已形成 59 万 t 钾肥的生产能力，成为我国的钾肥生产基地。

滨海的地下卤水主要分布在渤海沿岸附近地区。山东莱州湾地区地下卤水，位于山东省北部东营市的垦利、广饶；潍坊市的寿光、寒亭、昌邑；以及烟台市的莱州一带。辽东湾沿岸地下卤水分布于锦州盐田、沟帮子、盘山、营口盐田深海地带。卤水资源是环渤海地区的重要资源，也是对全国基础化工原料行业发展具有重大影响的资源，因此探明该地区地下卤水储量是盐卤产业生产和可持续发展的重要保障。

天然卤水是以 Cl-Na 型为主的液体盐类矿床，兼有固体盐类和地下水资源的某些特点。评估地下盐卤资源，目前主要根据《盐湖和盐类矿产地质勘查规范》的有关技术要求，通过前期的调查结果，在摸清地下卤水的埋藏深度和层位等信息的基础上，采用容积法评估莱州湾近岸地下卤水资源储量（静态资源储量）。同时也采用同步监测、对比分析的手段，定量探讨莱州湾潮间带及近海海域卤水资源开采量，综合评估卤水资源开发利用的环境效应。

潍坊北部沿海地区的气候条件和地质特点为卤水的形成提供了充分的条件。据研究，自晚更新世以来，该地区气候日趋干旱，几经变化形成现在的半干旱气候。在气候条件和地质特点方面，主要表现为其年平均降水量为 617 mm，蒸发量为 2 147 mm，蒸发量达降雨量的 3.5 倍。而且沿岸具有广阔的沙质浅滩。在退潮期间，赋存于沙层中的海水经强烈的蒸发作用变浓下渗，涨潮时新的海水又给予补充。如此周而复始，不断浓缩下渗，在沙层中贮存起丰富的卤水。这样的过程直到现在仍在继续进行着。沙层以下是黏土层，为卤水的贮存提供了条件。大陆径流把陆源物质带入莱州湾及其邻近海域，使其逐渐淤积变浅，潮间带变为潮上带。潮上带沙滩的蒸发更为强烈，使卤水进一步浓缩。同时，大潮或风暴潮仍可为潮上带提供新的海水来源，使卤水的形成过程持续进行。以上物理过程为蒸发成卤说提供了很好的依据。在含地下卤水的沙层内，普遍发现了海相腹足类生物及有孔虫化石，它们属潮间带和滨岸浅水环境的种属，这进一步表明，卤水来源于海水。

潍坊北部各块段（县、市、区）陆地和潮间带以及不同浓度范围内的天然卤水区面积见表6.3。

表 6.3　潍坊市北部沿海天然卤水区面积测定　　　　　km²

浓度范围		寿光市海化区	寒亭区	昌邑市	合　计
5～7°Bé	潮间带	0	0	0	0
	陆地	420 202	95 024	270 451	785 677
≥7°Bé	潮间带	121 168	41 404	71 273	233 845
	陆地	577 304	177 650	238 529	993 483

在表6-3潍坊市北部地区不小于7°Bé地下卤水资源量中对研究区潮间带的盐卤资源量进行了定量评价，发现潮间带盐卤资源储量是非常重要且不可忽略的一部分。

6.3.2　潮间带盐卤资源开发前景

近年来，原位探测技术和物联网技术的发展为地下卤水研究提供了新的有效技术手段。基于地球物理方法的原位探测技术，由于其监测无损性及连续性，被广泛用于矿产探测及环境监测，自然资源部第一海洋研究所采用高密度电法对莱州湾浅层卤水资源进行勘察，其结果与钻孔资料结论相近。但是传统高密度电法仅能在陆地使用，并不能用于潮间带地下水与海水相互作用的监测。近年来，为了突破监测区域的限制，国外学者逐渐开发出海面走航式电阻率法及沉积层表层电阻率法，为监测潮间带卤水分布以及地下水与海水相互交换过程的连续动态变化提供了新的技术手段。基于物联网技术的监测方法可以实现地下水位、水质等要素的高分辨率原位观测与无线传输，长时间序列和高分辨率的原位监测数据与深度学习方法结合可预测地下水位和水质变化规律，为科学评估卤水资源开发利用提供了新的研究方法。

参考文献

王宝才.200.我国卤水锂资源及开发技术进展.化工矿物与加工,(10):4-6.
钟辉,周燕芳,殷辉安.2003.卤水锂资源开发技术进展.矿产综合利用,(01):23-28.
唐尧.2014.硼资源开发利用现状及前景分析.国土资源情报,(08):14-17.

赵鸿 . 2007. 我国硼矿床的类型及工业利用 . 北京:中国地质大学 .

李朝华,苏庆平,唐志坚,等 . 2009. 我国盐湖卤水提硼的研究进展 . 盐业与化工,38 (02):44-47.

徐振亚,苏慧,张健,等 . 2021. 萃取法在盐湖卤水提硼中的研究进展[J/OL]. 过程工程 学 报: 1 - 11 [2021 - 04 - 07] . http://kns. cnki. net/kcms/detail/ 11. 4541. TQ. 20210303. 1142. 002. html.

第 7 章　海洋盐卤产业

盐是生命之源、百味之祖、化工之母，既是百姓生活所必需，也是国家经济之命脉。往上追溯，盐源于盐卤，盐卤来自海洋，海水相对于地球与生俱来；往下探究，以盐为基础，形成了方方面面的卤源化工产业，培育了林林总总的盐基化工产品。从老祖宗的"煮海为盐"到今天的"绿色盐业"，一部海洋盐卤产业的发展历史，几乎构成了半部中华民族历朝历代的发展史。

7.1　海洋盐卤产业的发展历史与现状

海洋盐卤是产盐的原材料。据史料考证，中国最早的海洋盐卤产业可追溯到 5 000 年以前。炎黄两帝时期，在今天的以寿光为中心的潍坊与东营的滨海地带，活动着一个名为"夙沙"的部落，部落首领夙沙氏首创煮海为盐，开创了华夏制盐之先河，被后世奉为盐宗（李乃胜等，2013）。

盐是人类生存与繁衍不可或缺的基本要素。由此，盐卤产业在历史中一直占据非常重要的地位。例如，春秋时期的齐国推行"盐铁官营"之策，筏薪煮盐，计口授食，从而盐利剧增，使得齐国富强，成为春秋第一霸主；秦统一六国之后在全国推行盐铁官营，以致后续的汉、唐、宋、元、明各朝代，盐卤产业一直是国家的财政支柱，在社会经济发展中发挥着巨大作用。

随着 19 世纪初近代化学的确立与发展，盐卤产业被赋予了新的意义。盐作为基本原材料被应用于纯碱和氯碱工业，被称为"化学工业之母"。1861 年，比利时的索尔维发明了用盐、氨溶液与二氧化碳混合制成碳酸钠（纯碱），并于当年获得比利时政府的专利；1863 年，索尔维在比利时创办工业化的制碱厂，实现氨碱法的工业化和连续化生产，自此，纯碱工业在全世界获得迅速发展。

我国的纯碱工业始于 20 世纪 20 年代，化学家侯德榜是开创者。目前我国纯碱的年产量约 3 000 万 t，广泛应用于建材、轻工、化工、冶金、纺织等工业部门和人们的日常生活。1893 年，在美国建成第一个电解食盐水制取氯气和氢氧化钠（烧碱）的工厂。我国的氯碱工业始于 20 世纪 20 年代，经过近 100 年的发展，目前我国氯碱产量已达到约 3 500 万 t/a，氯碱行业的下游产品包括塑料 PVC、合成洗涤剂等，广泛应用于建筑等行业和人们的日常生活。

改革开放以来，海洋盐卤精细化工成为海洋化工产业发展的主旋律，海洋盐卤产业具备了更加丰富的内涵。山东省以寿光市北部为中心的莱州湾沿岸，逐渐发展成为盐卤精细化工领域在世界范围内有较大影响力的区域。在以寿光北部为中心的莱州湾沿岸，已测明地下卤水储量约 70 亿 m³，这里的卤水资源埋层浅，品质好，卤度高，富含溴素，现已对潮间带卤水的储量及成因研究有了新的突破，这将会为新的海洋盐卤资源的勘测提供理论指导。依托此海洋盐卤资源，该地区逐步形成了盐、碱、溴、镁、医药、阻燃、感光、染料 8 大系列 80 余个品种的研发、生产与营销，海洋盐卤产业由传统的单纯制盐和两碱，逐步实现了一卤多用，形成了晒盐、制碱、提溴、高值化精细化工产业链于一体的绿色盐业新格局（图 7.1）。

图 7.1　海洋盐卤精细化工厂

7.2　海洋盐卤化工产业

以传统的产盐和制碱为基础，现代海洋盐卤化工产业的特色主要体现在对盐卤中的化学资源进行综合利用和高值化产业链开发。

目前，海洋盐卤中产业化利用的阴离子资源主要是溴和氯。提取盐卤中的溴素，可以发展阻燃剂、医药中间体、农药中间体和染料中间体等产品种类，广泛应用于建筑行业、医药行业和农业，与人们生活息息相关。提取盐卤中的氯气，开展高值化精细化利用，可以发展农药、医药、染料颜料、橡塑助剂、水处理助剂、消毒杀菌剂等的中间体和终端产品。

目前，海洋盐卤中可供产业化利用的阳离子资源主要有锂、钠、镁等。金属钠可广泛应用于冶金、储能、医药合成、靛蓝等行业；锂元素可用于新兴的锂电池行业。

世界各地的盐卤产业的相关产业化公司，往往根据自己所依托的盐卤资源的禀赋特点，形成相应的各自的产业链条。以色列化工集团依托死海的盐卤资源，形成了 10 万 t 溴素、350 万 t 钾肥的生产能力；美国的雅宝公司，近年来则着重顺应锂电池行业兴起的趋势，重点在锂元素产业链实施从盐卤资源到终端产品的战略布局；美国的科聚亚公司是传统的溴系阻燃剂的强势企业，但近年来增长乏力，被德国的朗盛公司收购，与朗盛的磷系阻燃剂业务部门合并，形成阻燃材料一体化的协同竞争优势。上述 3 家公司，是世界上盐卤资源利用较有代表性的公司，3 家的溴素产量占到全球的 60% 以上，其对盐卤中化学资源的综合利用和高值化产业链开发，值得国内业界借鉴。

国内海洋盐卤化工产业以山东最具代表性。山东海洋盐卤化工产业的主体是两碱、一盐、一溴以及卤水精细化工产业，其中盐、两碱产量均为世界之最。溴素产量占到全国的 90%。特别是在 2000 年之后，在卤水精细化工领域，形成了一批国内领先并具有一定世界品牌力的产品，包括溴系中间体、溴系阻燃剂、原料药、新材料等大类。为推动卤水精细化工产业的发展，在山东省科技厅的指导下，山东默锐科技有限公司联合 4 家高校院所、14 家企业共同组建卤水精细化工产业技术创新战略联盟（图 7.2），联盟的宗旨是通过关键技术的突破，把我国的原料型、中间体型产品上升为高端终端产品，赶超国外产品，将科技优势、资源优势升级为产业发展优势，打造具有强大竞争力的海洋盐卤产业集群。

图 7.2 卤水精细化工产业技术创新战略联盟发展研讨会

7.2.1 代表性产品介绍

7.2.1.1 溴系中间体典型产品：2-甲基-4-甲氧基二苯胺

2-甲基-4-甲氧基二苯胺是合成荧烷类热敏染料 ODB-2 的关键中间体。ODB-2 主要用来制造热敏纸。热敏纸是指涂布了含有成色材料的涂层，经热信号激发能够自身显色的一种信息记录纸。当给热敏纸表面涂层施加能量（热能）时，其中的显色物质发生物理或化学变化产生变色而得到图像。由于使用热敏纸打印信息记录具有打印速度快、打印设备紧凑便携、打印噪音小、无须更换色带、清晰度高、适合条码识别等优点，目前已经得到越来越广泛的应用。

2-甲基-4-甲氧基二苯胺是以溴素为基本原料，间甲酚、硫酸二甲酯、乙酰苯胺等参与反应而制得。

目前，全球 2-甲基-4-甲氧基二苯胺的年需求量是 3 500 t，我国的供应量超过 3 000 t，占全球供应量的 86% 以上，已经成为全球供应链最重要的一环，主要生产厂家是山东道可化学有限公司和寿光富康制药有限公司。

7.2.1.2 溴系阻燃剂典型产品:建筑外墙保温材料发泡聚苯乙烯(EPS) / 挤塑聚苯乙烯（XPS）用溴系阻燃剂

建筑外墙保温对于建筑节能发挥重要作用。在传统建筑的热量损失中，约 26%是通过建筑外墙途径。我国是世界上最大的建筑市场，每年新增的建筑面积约 20 万 m^2。通过良好的建筑外墙保温，对于降低建筑物的能耗、节约能源具有非常直接的作用，对我国的节能减排和绿色环保发展，更是具有深远意义。

建筑外墙保温材料可分为无机材料和有机材料。有机材料与无机材料相比，具有更好的绝热性能，是目前外墙保温施工的主要选择，但容易燃烧，必须要进行阻燃处理。发泡聚苯乙烯（EPS）和挤塑聚苯乙烯（XPS）是目前我国应用最多的建筑外墙保温用材料，应用之前必须要达到国家法规要求的阻燃标准。

发泡聚苯乙烯（EPS）/挤塑聚苯乙烯（XPS）采用的阻燃剂是六溴环十二烷、甲基八溴醚和聚合型阻燃剂，添加比例在 0.7%～1.5%，即可达到相应的建筑外墙阻燃标准。

六溴环十二烷是由溴素与环十二碳三烯反应而成，是最早应用于外墙保温 EPS/XPS 的阻燃剂，但是将很快退出历史舞台。根据《关于持久性有机污染物的斯德哥尔摩公约》，六溴环十二烷已经在欧盟、美国等国家和地区停止使用。2021 年 12 月 25 日，是中国停用六溴环十二烷的最后期限。六溴环十二烷在全球的禁用已成定局。

甲基八溴醚是替代六溴环十二烷的一款添加型阻燃剂，既具有芳香族溴又具有脂肪族溴。其阻燃效率高，相同溴含量下阻燃效率与六溴环十二烷相近。符合相关法律法规和阻燃标准的要求。

环境友好聚合型外墙保温阻燃剂 BLUEDGE™：

Brominated Polybutadiene Block

BLUEDGE™聚合物型阻燃剂是中国工信部、科技部和环保部三部委（2016.12）联合发文推荐使用于苯乙烯泡沫塑料的六溴环十二烷替代产品，具有分子量大、毒性低、不迁移、相容性好等优点，是一种绿色、环保、高效的聚合物型阻燃剂，主要应用于建筑外墙保温行业挤塑聚苯乙烯（XPS）和发泡聚苯乙烯（EPS）泡沫阻燃。

BLUEDGE™聚合物型阻燃剂专利技术来源于杜邦公司。目前在全球范围内授权给 3 家公司，分别是朗盛化学（中国）有限公司、连云港死海溴化物有限公司和山东旭锐新材有限公司。

目前，全球建筑外墙保温用溴系阻燃剂的年需求量约 4 万 t，我国的供应量约 2.2 万 t，占全球供应量的 55%，已经成为全球供应链最重要的一环，主要生产厂家是山东旭锐新材有限公司，供应量 9 000 t/a，全球占比 22.5%。

7.2.1.3 氯磷协同典型产业链：从氯气到阻燃剂 BDP

氯气来源于盐的电解，在精细化工领域有着广泛的应用。延伸氯气下游精细化工产业链，实现氯气资源的高值化利用，是海洋盐卤化工产业发展的一个重要方向。

以氯气为原材料延伸到阻燃剂 BDP 的产业链，指的是以氯气为起始原材料，生产三氯化磷，再进一步生产三氯氧磷，三氯氧磷与双酚 A、苯酚反应，生成 BDP。

BDP 为绿色环保无卤磷酸酯类阻燃剂，主要用于 PC/ABS（聚碳酸酯/丙烯腈-丁二烯-苯乙烯三元共聚物的共混材料）的阻燃。BDP 与 PC/ABS 相容好，热稳定性高，加工流动性佳，阻燃性能优异，特别是对材料的物理机械性能影响小，少烟、环保、性价比高，目前是用于 PC/ABS 阻燃最理想的阻燃剂。PC/ABS 综合了 PC（聚碳酸酯）和 ABS（丙烯腈-丁二烯-苯乙烯三元共聚物）两者的优良性能，使得它在电子电气等领域得到愈加广泛的应用。

全球 BDP 的年需求量在 10 万~15 万 t。主要用户为大型跨国公司，包括 Covestro（科思创）、Sabic（沙特基础工业公司）、韩国 LOTTE（乐天）、日本帝人株式会社等。

浙江万盛化工有限公司、山东默锐科技有限公司、日本的大八化学工业株式会社和艾迪科株式公社是目前主要的供应商。其中山东默锐科技有限公司的 BDP 产量 1.5 万 t/a，在国内处于领先地位。

7.3　海洋脱盐与新型水业

我国是世界上 13 个最缺水的国家之一，而且水资源分布极不均衡，南方水多，北方水少；夏季水多，冬季水少。目前我国 617 个城市中，有 300 个城市缺水，其中 110 个城市严重缺水，沿海地区也不例外，我国的人均水资源占有量仅为世界平均水平的 28%，水资源短缺成为经济发展的重大制约因素。中国又是世界上用水最多的国家，2019 年全国水资源公报显示，全国总用水量达到 6 021.2 亿 m^3，其中农业用水占比 61.2%；工业用水占比 20.2%；生活用水占比 14.5%；人工生态环境补水占比 4.1%。据预测，到 2030 年，我国年缺水量可能会达到 4 000 亿~5 000 亿 m^3。

我国是一个海洋大国，拥有漫长的海岸线，极其广阔的领海，这是一片富饶的“蓝色国土”，充满着希望的“绿洲”。向海洋要水，开发利用海水资源，进行海水淡化不失为一种解决沿海地区淡水紧缺的有效途径。海水淡化亦称海水脱盐，一般是通过反渗透或蒸馏法除去海水中的盐分并获得淡水的工艺过程。随着工农业的发展，淡水需求量逐渐增加，积极开发非常规水资源的综合利用，合理优化用水结构，对推动沿海地区经济可持续发展具有非常重要的意义。

但目前海水淡化后浓海水的综合处置问题严重制约了海水淡化产业的发展，因浓海水含盐量高，直接排放一是造成了沿海滩涂的盐碱化；二是浓海水直接排回大海，势必会造成海底沙漠化，对海域环境和近海生态产生严重影响。实现海水淡化后浓海水的零排放及高值化利用成为推动海水淡化产业发展的有效途径。

目前，国内外海水淡化后浓海水一般以直排入海为主，即使浓海水综合利用也只是少量价值元素的综合利用，达到零排放标准还有很大差距。开发浓海水综合利用工程技术实现零排放是发展海水淡化产业的重中之重。而海盐盐卤（卤水）浓度一般在 7~8°Bé，其成分及浓度与浓海水类似。近年来，山东夙沙生态发展有限公司聚焦 5~8°Bé 浓海水不能直排入海的产业痛点，在传统卤水元素分离技术的基础上，耦合先进分离提纯技术，开发水盐联产工程化技术，同时生产高纯水、健康盐及海洋矿物质浓缩液，改变几千年来传统滩涂晒盐模式，实现卤水资源有效分离与高效利用。分离的盐制取低钠健康营养盐，水制取海洋碱性离子水，分离的海洋矿物质浓缩液可用于日化洗化、功能食品和医养健康等领域。该项目为海水淡化后浓海水的综合利用及零排放提供示范价值。

7.3.1 工厂化产盐

在人类文明的发展过程中，"盐"与"火"可以媲美，有着不可或缺的重要性。从人体层次来看，盐是生理必需品；从家庭层次来看，盐是古代的"冰箱"；从产业层次来看，盐是古代贸易的支柱；从国家层次来看，盐是政府的经济命脉；从国际层次来看，盐是古代国际地位的象征。盐的工业用途很广，是纯碱和烧碱的基础原料，碱产量的高低在一定程度上反映了一个国家的化学工业化水平，两碱的衍生产品达 15 000 余个，遍布工业、农业、国防、医药、冶金、燃料和养殖等各个领域，涉及国民经济各个部门和衣、食、住、行各个方面。同时，盐又是国防工业和战备所必需的重要物资。因此，盐在世界范围内被称为"化学工业之母"。

世界上最早发现和开发海盐的国家是中国，除中国外，较早开发海盐生产的是地中海沿岸的腓尼基人，公元前 7 世纪，A. 马蒂乌斯在俄斯蒂亚（Ostia）附近建立了第一个盐场。公元前 3 世纪，葡萄牙在塞太布尔（Setubal）建立了有名的海盐场。希腊、埃及、印度生产海盐的历史也很悠久。"天生者称卤，煮成者叫盐""吴煮东海之水为盐，以致富，国用饶足"……自古以来，盐是国之重器，关乎民生，处于重要地位。山东是中国产盐大省，盐业历史悠久。5 000 多年前，盐宗夙沙氏"煮海为盐"，开华夏制盐之先河；齐国宰相管仲"官山海"，创食盐专营专卖制度延续至今。如今，山东原盐产能在中国同行业中占据"三分天下"，海盐年产量更是超过全国海盐年产量的七成。

目前，世界上有 100 多个国家和地区生产盐，年总产量为 2.93 亿 t。10 个主要产盐国为美国、中国、俄罗斯、德国、加拿大、英国、印度、法国、墨西哥和澳大利亚。日本虽然本国盐产量不大，但它是世界上最大的盐进口国和消费大国。荷兰拥有世界上最大的跨国制盐公司和先进的制盐技术。这 12 个国家是对世界制盐工业产生重要影响的国家。

当年夙沙氏"煮海为盐"，揭开了华夏文明的序幕。自此以来，数千年盐业生产经历了煮、煎、熬、晒 4 个阶段。但迄今为止，几乎是"几千年一贯制"，产业结构和生产方式变化不大。我国的海盐生产，一般采用日晒法，也叫"滩晒法"，就是利用滨海滩涂，筑坝开辟盐田，通过纳潮扬水，吸引海水灌池，经过日照蒸发变成卤水，当卤水浓度蒸发达到25°Bé 时，析出氯化钠，即为原盐。

传统的粗放型生产方式已无法适应当今社会的发展需求，矛盾日渐突出，成为产业提升的桎梏。① 传统的滩涂晒盐对气候有严重的依赖性，基本上属于靠天吃饭。只能在光照好、气温高、降水少的季节晒盐，生产安排有很大的局限性，在我国的北方盐场，只有 3 月至 11 月才是晒盐季节；② 传统的盐卤资源产业基于优质的浅层卤水资源，随着资源品质的下降和水位的大幅度下降，改进发展方式的要求越来越迫切；③ 生产工艺落后，依赖于密集型劳动生产，工业化、信息化、自动化程度非常低下，随着我国人口红利的逐渐消逝，人力资源的成本不断提高，这种劳动密集型产业亟须向技术密集型转变。

山东夙沙生态发展有限公司在国家非物质文化遗产，"卤水制盐技艺"的基础上，保持卤水制盐技艺核心技术"提卤—制卤—结晶—收盐"不变，进一步开发从地下卤水中高效分离"盐与水"的新技艺，使用现代化生产装置和热能，替代传统滩田，极大地提高了生产效率，节省了大量的土地资源。新技艺通过自动提卤—卤水净化—脱碳—浓缩制卤—低温结晶—收盐包装等流程，还原了传统卤水制盐技艺的全流程及核心技艺，实现了工业自动化控制。该海盐生产工艺采用工厂式生产，改变传统滩涂制盐模式，可改良释放大量工业用地，并可带动海盐生产从晒盐到工厂化产盐的升级转型，形成高效、可持续发展的绿色盐业新模式；为海水淡化后浓盐水的处理及高值化利用提供示范价值；实现浓海水/卤水的淡水资源化，有效改善环渤海地区淡水资源缺乏的现状；分离的海洋矿物质浓缩液可开发盐卤等高附加值海洋健康产品，实现向海洋健康行业的转型。

7.3.2　高端盐发展趋势

由于人体生理特点以及人民生活水平、饮食习惯等方面的限制，钾、铁、锌、钙、镁、硒等人体必需元素普遍摄入不足，影响新陈代谢，造成人体免疫力下降等问题。传统的食品产品主要执行了调味的功能。随着人们生活水平的不断提高，富含矿物质及微量元素等营养价值，不添加任何化学添加剂，是满足人民群众对绿色和对健康食盐的消费需求的最佳选择。而新的盐业政策为营养盐产品的开发和推广提供了可能。

高端盐及多品种盐在发达国家约占8%～10%的市场份额，有些国家甚至超过15%。目前，中国的高端盐市场几乎是一片空白，按照我国年销量850万t食盐的量计算，高端多元化盐品应该达到85万t左右，而我国只有几万吨。夙沙生态与日本石垣的盐株式会社开发的高端盐，传承卤水制盐技艺国家非物质文化遗产，采用低温无核结晶而成，100%无添加，完整地保留了古海水中的微量元素，含有丰富的钙、镁、钾、碘、锶等元素，其中镁、锶含量尤为丰富，尤其锶含量超过77 mg/kg。市场实践证明，唯有不可复制的、环保、高品质的品种盐才是盐业产品结构调整的根本方向，才是为民谋福祉的落脚点。盐作为饮食生活的基本调味品，正因为它是每天餐桌上必备的，所以我们希望更多的企业能够生产对身体有益的高端盐（图7.3）。

图7.3　夙沙生态无添加高端盐

7.3.3　新型水业

水是万物之源，生命之源。水，不仅仅具有解渴作用，而且健康水还能起到提高人体生命质量及保健和辅助医疗的作用。古人曰"水是百病之源。"病既然因水而生，就应该可以因水而治，李时珍把"水篇"列为《本草纲目》首篇，有他的道理。

好水对人的生命健康具有重要作用，水质决定体质，体质决定健康。

什么样的水才是好水？研究表明，真正的好水比一般的水有更显著的生物效应。世界长寿地区的人不仅平均寿命长，而且代谢性疾病发生的概率也要低得多，其中最重要的原因，就是当地有很好的泉水。好水应该有浊度低、味道好、无机盐丰富、硬度适中、低钠、酸碱度适中、能态高、氧化电位低的优点。

好水先要水源好。拥有了好的水源，就拥有了健康之源。作为饮用水的直接水源有两类：一是天然水；二是市政供水（自来水）。天然水补水来源有 3 种：①冰川水——地球上 98% 的淡水资源以冰川形式存在；②海水——地球上 97% 的水资源以海水形式存在；③地下水——自然涌出和人工打井抽取。

由于人类的活动及社会发展带来的环境污染和生态破坏，使得没有污染、没有退化的天然优质水资源越来越少。根据自然地理、地质背景分析，海洋盐卤资源的形成、分布及水化学特征主要受到古地理环境演变、松散沉积物特征、埋藏条件以及水文因素等的影响，其中环境的演变对地下卤水的形成起到了至关重要的作用。以莱州湾南岸的海洋盐卤资源为例，大约在几百到几十万年前地球处于间冰期期间因质地变动，形成渤海湖，后经过长达多年的沙尘暴，将渤海湖封盖于现在的渤海及其大陆架陆相沉积层中。莱州湾南岸晚更新世和全新世地层具有 3 个赋存着沉积海水的海相沉积层，沉积海水的形成是晚更新世后期 3 次海侵期间的海水，经过蒸发浓缩、下渗富集和埋藏变质等作用的结果，使每次海退和海进过程中都会产生冰冻成卤，并得以保存。因为天然盐卤资源的形成是漫长的地质过程，海水的沉积致使现在的莱州湾一带卤水卤度为现在海水浓度的 3~5 倍，各元素比例与海水保持一致，海洋矿物质元素丰富，且封存在地下几乎无污染，是可媲美冰川水的优质水源。

好水的硬度要适中。水中钙、镁离子的含量浓度称为水的总硬度。水中的钙、镁、锶含量与心脑血管、骨骼健康都有密切的关系。世界上许多国家都会制定水硬度的最低保证值。调查认为，健康水的硬度应该在 50~100 mg/L 比较合适，最高不得超过 450 mg/L，最低不得低于 30 mg/L。

酸碱度：水的酸碱度，也就是水的 pH 值，一般认为，好水的 pH 值呈中性或弱碱性。国内外对水中 pH 值与人类健康关系的研究很少，迄今为止还没有明确水的 pH 值高低与健康的关系。通常来讲，人体体液的 pH 值大约在 7.35~7.45，新生婴儿一般属于弱碱性体液，但随着年龄的增长，随着体外环境的污染及不正常的生活及饮食习惯的养成，体液逐渐转为酸性，而酸化也就意味着老化。在营养学上，现代人摄入酸性食物过多，因此很多人的体液 pH 值在 7.35 以下，身体处于健康和疾病之间的亚健康状态。现代人开始重视饮水的健康，并提倡喝弱碱性水。

山东凤沙生态发展有限公司依托海洋盐卤优质水资源，采用电解技术生产的碱性离子水 pH 值 9.0±0.5，经过电解，离子化程度较高，水的分子团比较小，作为饮用水，很容易被人体吸收，能量高，渗透性及溶解性极好，对促进新陈代谢、降低血液黏稠度有很好的作用。

痛风人群需要多喝水来促进体内尿酸的排泄；适当补碱，痛风患者往往会口服秋水碱片以辅助治疗；苏打水，是现在大部分痛风病人的选择，但长期服用苏打水会增加身体代谢负担，严重者可造成脏器结石。该产品内小分子团，针对高尿酸人群、痛风人群具有易于人体吸收、加速代谢、利尿排毒的作用。经高尿酸人群试用碱性离子水，一个月之内具有显著的降酸效果，该产品可作为痛风人群专用水。

小分子团的水易被细胞吸收。自然界的水不是以单一水分子（H_2O）的形式存在的，而是由若干水分子通过氢键作用而聚合在一起，形成水分子簇，俗称水分子团。水分子簇是一种不连续的氢键结构形成的水分子簇合物。水分子簇研究史：1884 年，Whiting 首次报道液态水高密度矩形模型；1993 年，Bernal 和 Fowler 提出高低密度下簇状结构；1959 年，Pauling 提出具有空隙的水分子簇状结构；1975 年，Bontron 和 Alben 提出了水的环状结构；2000 年以后，提出了水的二十面体结构，即水是由 280 个水分子组成的。

水分子团结构是一种动态结合，即不断有水分子加入某水分子团，又有水分子离开该水分子团。这就意味着，水分子团是不断变化的，有很多办法可以改变水分子团的多少，而关键就在于水体系中的氢键。水分子团的大小与水的温度、离子浓度、pH 值、外界施加的能量，如电场、磁场、声波、射线、红外线、压力等有关，它们都会对水分子团结构变化有影响。通常的水是由 10 个以上的水分子组成一个水分子团，叫大分子团水。小分

子团水，由 10 个以内水分子缔结而成。

小分子团水的分子结构排列整齐，高密度，不带游离电荷，内聚高能量，具有较强的渗透力、溶解力、乳化力、代谢力和活化力。小分子团水进入人体后，能立即渗透到人体千万亿个细胞中，把营养以更快的速度带入细胞，并且把细胞里的代谢废物和毒素更快地带出细胞外，使毛细血管的循环加快，促进新陈代谢，呈现出抵抗力增强等特性。

水分子团很难用常规手段直接检测。目前检测水分子团大小的方式只有一个，就是核磁共振（^{17}O-NMR），通过测定水的振动频率的半幅宽度（以 Hz 表示）来测定分子团的大小。Hz 值越大表示水分子团越大，水的质量越差；Hz 值越小说明水分子团越小，水的质量越好（图 7.4）。

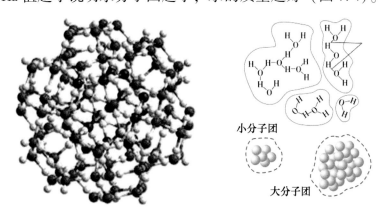

图 7.4　水分子团示意图

好水中氘含量低。水（H_2O），是由两个氢原子和一个氧原子组成的生命必需元素，氢在自然界中存在 3 种同位素，即：原子核中只有一个质子的氕（H）、原子核中含有一个质子和一个中子的氘（D）、原子核中含有一个质子和两个中子的氚（T），其中，氘为氢的一种稳定形态同位素，也被称为重氢，在大自然的含量约为一般氢的 1/7 000。

普通水中，氕和氘的比率大约是 1 : 6 000，即水中氘的体积分数为 0.015%，通常把体积分数低于 0.015% 的水称为低氘水，而由于质量或自旋等核性质的不同，造成同一元素的同位素原子之间物理和化学性质有所差异，这种现象被称为同位素效应，早在 1933—1934 年，路易斯首先试验了烟草种子在重水中的发芽情况，发现随着重水浓度的增高，发芽速度迅速降低；后来又发现，蝌蚪、金鱼在浓重水中迅速死亡。大麦粒在发芽时优先吸收轻水，剩液中富集了重水；锂被酵母吸收后，也可以富集锂，从而发现了同位素的生物学分离。

在早期的生物同位素效应研究中，以氘的效应研究最为广泛，效果最为显著，一般认为，在重水（氘含量高的水）中生化反应速率减慢，对于大的生命体，则会破坏局部代谢机能，从而影响整体导致死亡。而对于低氘水的研究，最早 Hughes 等发现通过给腹水瘤小鼠饮用氘含量为 0.002 5%～0.003% 的低氘水，可有效延长其生存期，随后 Somlyai 等进一步研究发现，低氘水（氘含量为 0.003%～0.01%）可使体内 D/H 比例发生一定的改变，从而抑制 HT-29 结肠癌细胞、MCF-7 乳腺癌细胞、PC-3 前列腺癌细胞等多种肿瘤细胞的增殖。

而上海交通大学生命科学技术学院的丛峰松副教授经研究发现，氘含量为 0.005% 的低氘水，对 A549 肿瘤细胞的分裂抑制率为 31.07%，该抑制作用在培养 A549 肿瘤细胞 10 h 内见效。随着时间的推移，该抑制效果消失，48 h 后，抑制效果重新出现，并一直维持到 72 h，之后逐渐消失。研究结果认为，氘元素对细胞分裂的过程是至关重要的，细胞分裂对氘浓度的变化非常敏感，自然丰度的氘是细胞分裂所必需的，一旦氘含量发生变化，会影响细胞分裂进程，从而表现出对肿瘤细胞的抑制作用，并由此推测生物体内存在 D/H 识别及调控机制，一旦氘含量有所变化，即会延缓细胞分裂所需要的氘含量，从而达到抑制细胞增殖的效果。

低氘水的制备，除了通过特殊的设备生产以外，自然界中也存在氘含量低的水，如冰川水和雪水，其氘含量一般为 0.012 5%～0.013 5%。且寒冷极地或者在地球两极地区，水中氘含量较热带与亚热带地区小，特别是在南极的冰雪中，氘的含量最小，使得南极雪水称为地球上氘含量最少的水。山东夙沙生态发展有限公司生产的碱性离子水就是通过特殊设备，并通过水精馏的方法获得的，水的沸点是 100℃，重水的沸点是 101.4℃。水和重水的沸点不同，通过反复水精馏的方法，经过相变，也使得水中的氘含量极低。

"药补不如食补，食补不如水补"。水不仅仅具有解渴作用，还有促进健康、提高生命质量、缓解疾病和辅助治疗的作用。海洋盐卤淡化水和海洋深层淡化水（图 7.5），水龄长，水质洁净，含有多种矿物质元素，是理想的健康饮用水水源。今后，应当把水产业及功能型饮用水作为保健品产业中的重要内容和主要支柱产品。

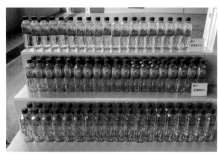

图 7.5　海洋碱性离子水

7.4　海洋盐卤健康产业

生命起源于海洋。中文中，"海"字的构成说明了中国人对人与水关系的认识。"海"字由"氵"与"每"字构成，而"每"又是由"人"与"母"两字构成。由字面上看，"海"意味着两层意思：一层意思是说生命起源于海洋；另一层意思是从人的个体发育来讲，每一个人的生命都是在母体（羊水环境）中发育而成的，而羊水的成分、人的体液成分与海水的成分极其相似。海洋盐卤作为浓缩的海洋资源，其矿物组分等与海水几乎完全相似，其各种组分的浓度基本上为原海水的 2 倍以上。

目前，国际学术界公认盐卤矿物质组分与人类健康密切相关，日本、以色列等国家对盐卤健康研究和应用已有几十年的历史，已经形成了以海洋盐卤为特色的若干产品。我国目前对该领域的研究尚处于起步阶段，亟待揭示海洋盐卤与人类健康科学的规律，查明盐卤有效抑制病毒入侵的机理。因此，发展海洋盐卤产业与未来"健康海洋""健康中国"息息相关。"小康"不"小康"，关键看健康；健康不健康，关键看海洋。海洋是生命的摇篮，大气的襁褓，风雨的温床，环境的净土。这一切都是人类健康的基础，也是未来人类健康的战略要地。

7.4.1　海洋盐卤有效提升人体免疫力

盐卤源自海洋，这是一个基本事实。标准海水的盐度为 35。而海洋覆盖地球表面积的 70.8%，海水的平均深度约为 3 780 m。按照这样的容量估算，如果把海水里的盐全部提取出来堆放在陆地上的话，全球陆地表面会罩上 200 m 余厚的盐。

生命起源于海洋，而不是起源于淡水，由此推论，真正的生命之源是"盐"。生命作为一个有机质大分子的聚合体，如何与无机物的小分子"盐"相互作用，可能是生命溯源研究的重大科学问题。

标准海水有一个恒定的盐度值。作为人体，有机质的肉体重量可大可小，但盐度 11 基本恒定不变，这就是生理盐水的标准。如果高于或低于这一标准，人体的各个器官就难以正常运转，体内的各种生物膜就难以承受。

盐在人体中到底起到什么作用？作为无机物的小分子与人体有机质大分子的相互作用机理是什么？应该说人们的认知程度还非常低。量子纠缠的信号传递中"盐"发挥了什么作用？人的意念与盐有什么关系？甚至盐与大脑的发育、肌肉的兴奋是什么关系？基本上还是未知的。但目前的科学研究揭示，人体免疫系统与盐的关系十分密切，只有免疫系统健康才能有效抵制有害病毒的入侵！

在陆地大型哺乳动物中，为什么只有人特别爱吃"盐"？为什么人体对盐的需求量特别大？马牛羊可以大口吃青草，但人吃青菜如果不放点盐就很难下咽。老虎狮子吃生肉大快朵颐，但人勉强少吃点放盐的"生鱼片""生肉片"还凑合，如果整天吃大块没盐的生肉，肯定不行。这就从另一方面说明，人比其他大型哺乳动物更需要盐，这也说明了人体与无机盐的特殊关系。一句话，人离不开盐！

人类的生活条件越来越好，但越来越多的"富贵病"成为"常态化"。难道生活条件好真的有错吗？难道营养好就一定要得病吗？今天越来越多的癌症、心梗脑卒、抑郁症成为人类健康的主要杀手，与 20 世纪 80 年代之前截然不同，其中"精盐"可能是主要元凶之一。80 年代之前全世界范围内几乎都吃"粗盐"，就是直接食用海洋"原盐"，也就是常见的"大盐粒子"，基本上未经过任何形式的"再处理"。其中氯化钠含量大致在 85%~87%，其余的 15% 则是钾、钙、镁、锶等无机盐，基本上维持了人体的金属元素平衡。但今天的"精盐"，基本上是通过离子交换膜生产的"离子盐"，氯化钠几乎达到了百分之百，造成了"一钠独高"，其他钾、钙、镁、锶等金属元素严重失衡。本来人体血液的金属元素配比与海水基本一致，而"精盐"破坏了这种配比平衡，造成了"高钠"而非"高盐"，特别是钠/钾配比、钙/镁配比的失衡使免疫细胞失去了活力，从而导致免疫功能严重下降，进而引发了这些现代疾病。分子生物学研究已经证明，钾、镁元素在细胞内，钠、钙元素在细胞外，一旦钾、镁元素缺少，钠、钙元素必然会乘虚进入细胞，从而使细胞功能紊乱，丧失免疫功能，为有害病毒的入侵打开了方便之门。由此可见，海洋盐卤可能是从根本上提升免疫力的"健康产品"。

7.4.2　海洋盐卤有效解决人体元素失衡

科学研究揭示，海洋盐卤能有效解决人体元素失衡问题。元素是构成人体的最基本单元，人体的各个器官、组织也都是由元素组成的。科学研究表明，在地球自然环境中天然存在的 94 种元素在人体中都能找到。有的学者将古代医学称为"第一代医学"，将现代医学称为"第二代医学"，以元素平衡为核心，从原子、分子生物学水平研究人体健康、防病治病的医学称为"第三代医学"。如给患者补充钾、钠、钙、镁、铁、氟、硒、铜、锌等；给危重病人吸氧气；在食盐中加碘和在主食中强化钙、铁等都是元素医学的具体应用。也就是说，"元素平衡医学"是营养学、医学、化学在更高层次的结合，是医学发展的必然结果。

有人将人体比喻为"一个转动着的、有机的、综合的、有序的、系统的、庞大的生化工厂"。元素既是构成这个工厂最基本的材料又是这个工厂运行必不可缺的最基本的原料。人之所以患病，特别是一些代谢方面的疾病都是由于体内元素特别是微量元素不平衡所致。科学研究证实：人的生、老、病、死无不与体内元素平衡有关，人体是由 12 种常量元素与 70 种微量元素构成的。12 种常量元素又称造体元素，占人体总量的 99.95%。70 余种微量元素是人体蛋白质、激素、生物酶主要成分，占人体总量的 0.05%。恰恰是这 0.05% 看似微不足道的"微量元素"在人体一切生理功能中发挥着最重要的作用，它们在人体中的含量按照一定平衡比例存在维护着人体健康。一旦失去平衡就会发生各种疾病甚至危及生命。

近年研究已经证实，体内某种元素缺乏或过剩均会使人患病，如缺铁患贫血，缺锌会发育不良、智力欠佳，缺铬易患心血管病，缺锰患皮肤瘙痒，缺硒患克山病等。相反，硒过高患脱发、脱甲症；铊过高亦患脱发症等。不同的元素也会对人体功能、智力、体格、性格、性情起不同的调节作用。

中国的元素医学起步于 20 世纪 70 年代末，在 40 余年的发展过程中，兼容了传统的中医学和现代医学等多领域内容。在裴家奎（化学家、中国分析化学的先驱）、叶桔泉（中国科学院生物学部委员、中医药学家）、于若木（中国著名营养学家）等老一辈分析化学专家及营养食疗专家的带领和指导下，在陈祥友、孙嘉淮等中坚科技人员的不懈努力下，在"人体微量元素检测解析""微量元素与健康""微量元素平衡理论研究"等领域取得了突破性成果。经过近 30 年的研究和临床应用发现，冠心病人头发中微量元素"钴"的含量普遍较健康人群低一半，当头发中"钴"含量低于 0.06×10^{-6} 的时候，即会突发加重为心肌梗死；癌症病人及癌前病变者头发中的微量元素"铌"含量普遍显著低于较正常人。且这些微量元素含量与疾病关系呈负相关，即：含量越低患病风险越大。同时，陈详友还发现帕金森氏综合组病人与对照组比对钴、镍、铁、锂、铬、锰、钒、钛等 20 余种微量元素不平衡；AD（老年痴呆）病人头发中"钡、锶、钙、镁、钴、铬、铜、钛、镍、锰、锌"等微量元素含量普遍较正常人低，而"磷"含量却比正常人高，同时"硒"和"砷"的含量又比健康人群低……就这样，在对一个个各类临床确诊病人头发中 32 种微量元素含量变化，再与健康人群头发中微量元素正常含量的比对，通过"追溯式"的检测研究分析，找到了人体内"微量元素"不同失衡状况导致不同疾病发生的规律。通过对头发中微量元素含量的测定分析，对"心肌梗死""中风""癌症"等疾病的发生甚至可以实现"预报"。

海水的主要溶解成分：含量大于 1 mg/kg 的 11 种化学成分。包括：①钠、镁、钙、钾、锶 5 种阳离子；②氯根、硫酸根、碳酸氢根（包括碳酸根）、溴根和氟根 5 种；③硼酸分子。它们共占海水中溶质总量的 99.9% 以上；④微量元素：含量小于 1 mg/kg 的元素。

矿物质是五大营养素（碳水化合物、蛋白质、脂肪、维生素、矿物质）之一，是维持身体正常运作不可缺少的物质。如果缺乏矿物质，身体不能正常调节运作，体能、机能会变弱而发生各种各样的疾病，不仅仅是人类，动物也是一样，因此必须从其他地方摄取矿物质。其中，有钙、磷、钾、钠、氯、镁 6 种必需的营养素，它们全部都包含在海水里。

生命来自海洋，地球上存在的 103 种元素，海水中就有 83 种元素（1998 年日本检测海水成分表记录），人体所必需的矿物质元素从中都能找到。孕育胎儿的羊水，人体血液成分都与海洋元素十分相近，因此人类与海洋有着方方面面不可分的联系（表 7.1）。

表 7.1　日本已经检测到的海水中的成分

序号	元素	名称	平均浓度/（ng·kg⁻¹）(1 μg = 1 000 ng)	序号	元素	名称	平均浓度/（ng·kg⁻¹）(1 μg = 1 000 ng)
1	Cl	氯	19 350 000 000	21	Mo	钼	10 000
2	Na	钠	10 780 000 000	22	U	铀	3 200
3	Mg	镁	1 280 000 000	23	V	钒	2 000
4	S	硫	898 000 000	24	As	砷	1 200
5	Ca	钙	412 000 000	25	Ni	镍	480
6	K	钾	399 000 000	26	Zn	锌	350
7	Br	溴	67 000 000	27	Kr	氪	310
8	C	碳	27 000 000	28	Cs	铯	306
9	N	氮	8 720 000	29	Cr	铬	212
10	Sr	锶	7 800 000	30	Sb	锑	200
11	B	硼	4 500 000	31	Ne	氖	160
12	O	氧	2 800 000	32	Se	硒	155
13	Si	硅	2 800 000	33	Cu	铜	150
14	F	氟	1 300 000	34	Cd	镉	70
15	Ar	氩	620 000	35	Xe	氙	66
16	Li	锂	180 000	36	Fe	铁	30
17	Rb	铷	120 000	37	Al	铝	30
18	P	磷	62 000	38	Mn	锰	20
19	I	碘	58 000	39	Y	钇	17
20	Ba	钡	15 000	40	Zr	锆	15

续表

序号	元素	名称	平均浓度/（ng·kg⁻¹） （1 μg=1 000 ng）	序号	元素	名称	平均浓度/（ng·kg⁻¹） （1 μg=1 000 ng）
41	Ti	钛	13	63	Sm	钐	0.6
42	W	钨	10	64	Sn	锡	0.5
43	Re	铼	7.8	65	Ho	钬	0.4
44	He	氦	7.6	66	Lu	镥	0.2
45	Ti	钛	6.5	67	Be	铍	0.2
46	La	镧	5.6	68	Tm	铥	0.2
47	Ge	锗	5.5	69	Eu	铕	0.2
48	Nb	铌	<5	70	Tb	铽	0.2
49	Hf	铪	3.4	71	Hg	汞	0.1
50	Nd	钕	3.3	72	Rh	铑	0.1
51	Pb	铅	2.7	73	Te	碲	0.1
52	Ta	钽	<2.5	74	Pd	钯	0.1
53	Ag	银	2	75	Pt	铂	0.1
54	Co	钴	1.2	76	Bi	铋	0
55	Ga	镓	1.2	77	Au	金	0
56	Er	铒	1.2	78	Th	钍	0
57	Yb	镱	1.2	79	In	铟	0
58	Dy	镝	1.1	80	Ru	钌	<0.005
59	Gd	钆	0.9	81	Os	锇	0
60	Pr	镨	0.7	82	Ir	铱	0
61	Ce	铈	0.7	83	Ra	镭	0
62	Sc	钪	0.7				

夙沙生态的卤宝是提取原料卤水经浓缩、结晶、盐析后形成的卤度为30°Bé 以上的海洋矿物质浓缩液。其中在盐析过程中钠盐99%以上析出，同时其他矿物质元素也在浓缩过程中在不同的浓度下与钠盐形成共结晶体析出，浓缩液中则形成了大量的微量元素饱和溶液，它几乎包含海水的成分，

是矿物质的宝库。

7.4.3　海洋盐卤健康产业发展前景

日本、以色列等国家对盐卤的应用研究已有几十年的历史，目前，国际学术界公认盐卤矿物组分与人类健康密切相关，盐卤资源能有效解决当今人类因"元素失衡"而带来的免疫系统弱化，盐卤产业服务人类健康，有可能成为继合成药、生物药之后的第三大新型药源。盐卤产业与未来的"健康海洋""健康中国"息息相关。因此，打造健康海洋，服务人类健康，实现人-海和谐是提高中华民族健康水平的现实需求。

我国渤海沿岸是"京津冀鲁辽"产业密集区，也是国内外著名的盐卤产业密集区。黄海之滨，特别是苏北沿海，具有广袤的盐碱地和地下卤水资源，自古也以盛产"原盐"驰名中外。但上千年来，以资源型、原料型的"盐、碱、溴"出口上市为主体，今天需要实现以"健康产业"为目标的彻底转型升级。也就是以盐卤资源高效、可持续利用为目标，实现盐卤资源功能化应用，以人体"补钾降钠"为主攻方向，着重开发盐卤不同元素在增强人体免疫功能、现代病预防、亚健康人群、区域性微量元素缺乏症、精神智力等领域的针对性应用。打通卤水健康产业链，发展卤素药物，创建集医疗卫生、日化洗化、功能食品、健康服务为一体的现代新兴海洋健康产业体系。

从国家战略层面上，推出"天然盐"替代"离子盐"的政策措施，改变"盐"就是单纯的"氯化钠"的习惯认识，通过聚集海洋元素精华的"浓缩盐卤"代替单纯的氯化钠，从而达到提升人体的免疫力。这样一方面实现了盐卤产业的"颠覆性"转型升级；另一方面从根本上提升了国人的健康水平。

同时依托海洋盐卤富含的丰富矿物组分，开发新型序列化盐卤健康产品，主要包括功能食品、海洋盐卤中药、功能饮品系列。功能食品主要包括富含锶元素的高档营养盐、富含锶元素的酱油、碱性菜汁功能饮料等；海洋盐卤中药主要为针对高血压、糖尿病、痛风系列等病症人群开发的碱性中成药；水包括碱性离子水等功能水系列、漱口水等口腔清洁系列、海洋浓缩液系列等碱性饮品。

我们需要立足自主创新，突破关键技术，实现卤水资源深层次、高值化开发，以打造新兴海洋健康产业为突破口，以提升中华民族的健康水平为目的，实现传统海洋盐卤产业的"颠覆性"转型升级。

7.5 海洋盐卤与高纯金属产业

海洋盐卤中的钠、锂、钙、镁、锶、钡等金属元素总量非常巨大，是未来的重要战略性金属矿产资源，但由于浓度低，现阶段提取成本太大。但从海盐中提取钠、锂等金属元素是目前发展高纯金属产业的重要方向。

自然界中的锂资源主要存在于锂灰石、锂云母和卤水。全球范围内，卤水锂占锂资源总量的比例约 1/3；而我国卤水锂在锂资源中占比达 79%（雪晶和胡山鹰，2011）。

锂是自然界最轻的金属元素，化学符号 Li，银白色，体心立方结构，在周期表中居 IA 族碱金属首位，是最轻的、最活泼的碱金属。金属锂具有质量轻、负电位高、比能量大等优点，在电池制造、玻璃陶瓷、化学工业以及航天军工等领域得到广泛应用。高纯（电池级）金属锂是锂含量大于99.9%的金属锂产品，主要用于制备合金及锂电池负极材料，高纯金属锂及其合金是锂硫电池、锂氟化碳电池、锂亚电池、锂锰电池等高功率锂电池的理想负极材料，被称之为"21 世纪的新能源金属"。

金属锂的生产技术主要包括融盐电解技术和真空热还原技术（狄晓亮等，2005；李权等，2009），其中国内采用的主要是融盐电解技术，即在390~450℃条件下，熔融电解氯化锂-氯化钾二元共晶系，产生金属锂和氯气。其中氯化锂的上游原材料有两种来源，即矿石提锂和卤水提锂两种不同的工艺路线。矿石提锂是最早开始采用的工艺路线，系利用锂辉石和锂云母等含锂矿石进行冶炼生产锂产品。卤水提锂则是利用盐湖水提取钾盐后形成的卤水，进行深度除镁、碳化除杂和络合除钙后生产锂产品。矿石提锂的工艺成熟，但耗能高、污染重、成本高；卤水提锂具有锂纯度高、能耗低和成本低的优势，但技术难度较大。目前，卤水提锂已成为未来生产基础锂产品的发展方向，国外主要的碳酸锂供应商已全部关闭矿石提锂生产线而采用卤水提锂法，国内在卤水提锂的关键技术上也已实现产业化的突破。

金属钠在工业上通常是采用氯化钠熔融电解的工艺方法制取。工业级金属钠已经是成熟的产品（图 7.6），全球年需求量达到 12 万~15 万 t，其中 40%~50% 用于染料靛蓝的生产；30%~40% 用于硼氢化钾（钠）、醇钠等医药农药中间体的生产。另外，金属钠还被应用于冶金、储能等行业，市场需求保持稳定增长趋势。目前，中国的金属钠产能占到全球的 80% 以上，内蒙古兰太实业股份有限公司、山东默锐科技有限公司、内蒙古瑞信化工有限公司是金属钠的主要供应商。法国马萨（MSSA）公司是国外最大的，也是唯一的金属钠生产商，年产能达 2.8 万 t，主要供应欧洲和北美市场。

图 7.6　金属钠生产现场

液态高纯金属钠用于钠冷快堆的冷却剂，主要应用于钠冷快堆非能动事故余热排出系统的冷却。钠的中子吸收截面小；导热性好；沸点高达 886.6℃，在常压下钠工作温度高，快堆使用钠做冷却剂时只需两三个大气压，冷却剂的温度即可达 500~600℃；比热大，因而钠冷堆的热容量大；在工作强度下对很多钢种腐蚀性小；无毒。液态高纯金属钠因为具备了上述特点，非常适合于非能动事故余热排出系统回路的快速热传递，是快堆的一种很好的冷却剂。

钠冷快堆属于第四代核电站，正处于开发示范阶段。目前国内外共有不足 20 座实验或示范钠冷快堆运行，其中最为典型和技术最为成熟的钠冷快堆为法国的凤凰堆、超凤凰快堆和俄罗斯的 BH-600 快堆。这些钠冷快堆用于非能动余热排出系统的金属液态钠主要来源于法国 MSSA 公司。

我国目前正在运行和建设的核电站大多是压水堆或重水堆。由于快堆是一种复杂的核工业技术，我国制定了快堆三步走发展战略：实验快堆—

原型快堆—商用快堆。我国的首座实验快堆（CEFR）于2010年6月试验发电；以此为基础，我国的第一个钠冷快中子示范堆（CFR600）正在建设中。内蒙古兰太实业有限公司和山东默锐科技有限公司是目前该项目液态高纯金属钠的中标供应商。随着国家核电事业的快速发展，高纯金属钠正在迎来新的发展机遇（图7.6）。

7.6 海洋环境产业

近年来，利用地下卤水提取稀有元素获得高额利润极大地刺激了地下卤水资源的开采，现在正处于超强度的掠夺式开采状态。卤水资源过度开发，造成了海岸带环境的一系列变化。高强度开采造成地下卤水水位迅速下降，地下咸水向内陆滨海平原地下淡水入侵的水头压力减小，地下水动力平衡遭到破坏。同时，大量卤水开采又导致了滨海滩涂湿地大面积消失。由于地下卤水水位下降，使原有的盐碱地趋向"旱化"与"沙化"，盐生草甸植被随之不断退化，天然滩涂湿地大面积消失。原有天然泥质海岸的滨海滩涂湿地被大面积贮存"苦卤"的人工盐池所替代，天然滩涂湿地景观面目全非，海岸发育过程完全改变，湿地生态系统退化剧烈。当年芦苇丛生、候鸟云集、河湖港汊，鳞潜羽翔的滨海湿地，今天变成了茫茫一片寸草不生的"白地"。

渤海沿岸是"京津冀鲁辽"产业密集区，也是我国海岸带土地覆被变化频繁、生态环境脆弱敏感的典型地区。同时，环渤海地区也是我国海平面上升最快的地区之一，现已成为我国海岸带海水入侵与土壤盐渍化最为严重的区域，海水入侵面积已超过1万km^2，土壤盐渍化面积达1.35万km^2，严重影响了环渤海区域社会经济和生态环境的和谐发展，造成了沿海湿地退化、土壤盐碱化、地面沉降与裂缝、环境污染等一系列重大可持续发展问题。目前，全世界已经有几十个国家和地区的几百个地方发现了海水入侵问题，如中国、荷兰、德国、意大利、比利时、法国、希腊、西班牙、葡萄牙、英国、澳大利亚、美国、墨西哥、以色列、印度、菲律宾、印度尼西亚、巴基斯坦、日本和埃及等。海水入侵给各国沿海地区带来严重危害，并造成巨大经济损失，严重阻碍经济社会的持续发展。

我国近10年增加人口约7 845万，而因基建用地、退耕造林、土地盐碱化等原因，可耕地面积正在以较大的速度减少。仅 2013 年，全国就减少耕地面积 532 万亩。目前，我国人均耕地面积仅 1.5 亩，还不到世界人均耕地面积的一半，排在世界第 126 位。而我国是盐碱地大国，拥有广袤的滨海滩涂和盐碱荒地，笼统地说，各类盐碱地总面积可达 15 亿亩，接近于我国 18 亿亩耕地红线的面积，其中在滨海地区，尚未改良种植的盐渍化、盐碱化土地起码有 2 亿亩之多，经改造后能适合抗盐经济植物和作物的生长，可成为农耕地的重要补充和后备资源。概略匡算，若充分利用这些"土地"种植耐盐作物，全国可多增耕地 6 亿亩，相当于中国现有耕地面积的 1/3。因此，面对当前农业转方式、调结构的发展要求，改善盐碱地、打造滨海湿地生态环境，提高"非常规耕地"资源的利用效率显得尤为重要。

因此，紧紧依靠科技创新引领支撑，以卤水资源高效、可持续利用为目标，打造可持续发展的绿色卤源产业模式，成为区域经济发展的当务之急，也是打造健康海洋的重要一环。基于"盐随水来、盐随水去"的水盐运行规律，通过水土盐联动示范项目，既能够创新土壤改良模式，实现标本兼治，从根本上解决土壤盐碱问题，又可以通过对非常规水资源进行整合，研发系统的水处理解决方案，形成"智慧区域水银行"连锁模式，为环渤海类似区域提供系统解决方案。

7.6.1　深层卤水抽取再利用

对于盐碱地治理而言，卤水再利用等于是切断了盐碱的来源，是后续盐碱地治理的基础，创造深层次地下卤水再利用的"集群效应"，彻底解决盐碱地治理中"源"的问题。探讨卤水正常抽取和满足植物生长的正常地下水补入机制，实现地下水的动力平衡。通过地质勘探技术、石油钻探技术和自动化技术的交叉集成，研发地下水补充的关键装备系统，保证地下水补充的合理有效。一方面可以利用降雨等自然条件，采用"海绵城市"的技术体系进行土壤治理；另一方面可以结合土地用途，通过滴灌等现代农业措施，实现土壤的保水保墒，从而构建适宜于耕种或者绿植养护的正常土壤。

7.6.2　补充有机质抑制返盐

在土壤耕作层和深层土壤之间构建一道"屏障"，切断中层土壤的毛细结构而抑制返盐。以当地农业废弃物，例如，秸秆、菜秆、植物废弃物等低成本资源，经过正常粉碎后，与适宜于当地环境的微生物菌剂相结合，采用深耕等方式置于土壤耕作层之下，实现土壤中层抑制返盐层的构建。该抑制返盐层方法不仅可以抑制返盐，而且有利于保水保墒、改善土壤团粒结构、提高土壤品质、增强土壤益生菌落和丰富土壤营养等多重作用。

7.6.3 耕作层保育增效及科学培肥

（1）通过农业营养水：利用生物萃取技术，提取植物氨基酸配成不同作物生长需求的营养液和促进剂，改善土壤团粒结构，益于作物生长。

（2）海洋矿物质：采用电子化学技术去除卤水高价离子，形成高效有机海洋矿物质肥料，作为土壤团粒改善及有机种植的基础。

（3）益生菌+底肥技术：改善土壤菌群结构，发挥底肥效力，疏松板结土壤，增强土壤含氧量和保水能力，促进根系生长。根据土质条件形成最佳复配比例及施加方案，形成应用示范。

常用盐碱地改良技术有耕作覆膜、灌溉排碱、化学置换、耐碱作物培育等，但是并不能彻底解决土壤盐碱化问题，大多存在治理成本高、治标不治本、返盐率高等问题。针对海水入侵和土壤盐渍化现象，应着手从源头解决土壤盐碱化问题，例如，以"盐卤高值利用—盐碱地治理改良—高端农业"三位一体的盐碱地土壤改良综合治理方案为依据，研究盐碱生态本质修复成套方案，以保障沿海地区经济社会和海洋环境的可持续发展。

7.7 新型卤源产业的发展与展望

据统计数据，我国化工行业历年来进出口均处于贸易逆差状态，2018年全行业逆差2 800亿美元，2019年全行业逆差2 600亿美元，这说明虽然我国的化工行业产值占到全球的40%，排名世界第一，但对外依赖度依然很强。具体表现在，国内基础化学品、资源型化学品、大宗化学品处于严重过剩状态，但高端化学品，特别是化工新材、专用化学品、功能化学品、高性能膜材料等一直大量依靠进口。海洋盐卤化工产业，作为化工行业的一个重要细分行业，近年来有了长足的发展，但也存在类似的问题。

面临新冠疫情及地缘政治环境不确定因素带来的挑战，国家提出了建设"以国内大循环为主题，国内国际相互促进的双循环"经济发展新格局。目前来看，高端、终端化学品的缺位，是构建双循环格局的最大短板。依托海洋盐卤资源，瞄准国民经济发展重大需求，延伸产业链，往高端、终端积极拓展，支撑国家双循环经济格局建设，将是新型卤源产业的重要内容和历史使命。

随着我国人民生活水平的提高，人们对健康的需求日益凸显。海洋盐卤与人类健康息息相关，日本、以色列等国家对此已有几十年的研究历史，海洋盐卤在增强人体免疫功能、现代病预防、改善亚健康等领域均体现出良好疗效。海洋盐卤健康产业，将是我国新型卤源产业未来发展的一个重要方向，具体包括，以从海洋盐卤提取的包含各类有益健康元素的天然盐代替现食用的"精盐"，并以此为基础，搭建集医疗卫生、日化洗化、功能食品、健康服务为一体的现代新兴海洋健康产业体系，提高国民身体素质，服务于健康中国的建设。

随着产业的规模化发展，海洋盐卤资源面临资源短缺的威胁，给环境带来的压力也越来越大。推动实施对海洋盐卤资源的"责任关怀"，将是新型卤源产业健康发展的保障。"责任关怀"是于 20 世纪 80 年代国际上开始推行的一种发展理念，最先由加拿大政府提出，1992 年被化工协会国际联合会接纳并形成在全球推广的计划，目前，几乎所有的世界 500 强企业均践行了这一理念。责任关怀旨面临产业发展带来的资源和环境挑战，敦促各相关方持续改善环境、健康、安全以及资源利用效率、透明度和社会沟通。另外，"责任关怀"不仅是未来新型卤源产业可持续发展的保障，同时也意味着新的商机，能够衍生出如盐碱地土壤改良、海洋生态修复等新的产业方向。

参考文献

狄晓亮,庞全世,李权.2005.金属锂提取工艺比较分析.盐湖研究,(02):45-52.

李乃胜,胡建廷,马玉鑫,等.2013.试论"盐圣"夙沙氏的历史地位和作用.太平洋学报, (03):96-103.

李权,庞全世,高洁.2009.金属锂生产工艺优化.盐湖研究,(01):63-67.

雪晶,胡山鹰.2011.我国锂工业现状及前景分析.化工进展,(04):782,787,801.